AF629265

ISSN 0371-327X

SITZUNGSBERICHTE DER SÄCHSISCHEN AKADEMIE
DER WISSENSCHAFTEN ZU LEIPZIG

Mathematisch-naturwissenschaftliche Klasse
Band 115 · Heft 6

ERNST NEEF

DER VERLUST DER ANSCHAULICHKEIT IN DER GEOGRAPHIE UND DAS PROBLEM DER KULTURLANDSCHAFT

AKADEMIE-VERLAG · BERLIN

1981

SITZUNGSBERICHTE DER SÄCHSISCHEN AKADEMIE DER WISSENSCHAFTEN ZU LEIPZIG

MATHEMATISCH-NATURWISSENSCHAFTLICHE KLASSE

Band 109

Heft 1 Prof. Dr. ERICH RAMMLER, Über die Theorien der Braunkohlenbrikettentstehung
1970. 38 Seiten – 13 Abb., davon 2 auf 2 Tafeln – 8° – M 4,–

Heft 2 Prof. Dr. WOLFGANG TUTSCHKE, Stammfunktionen komplexwertiger Funktionen
1970. 20 Seiten – 8° – M 3,70

Heft 3 Dr. habil. GÜNTHER EISENREICH, Zur Syzygientheorie und Theorie des inversen Systems perfekter Ideale und Vektormodule in Polynomringen und Stellenringen 1970. 88 Seiten – 8° – M 10,80

Heft 4 Prof. Dr. med. ROLF EMMRICH, Hochdruck und Hyperlipidämie (Hypercholesterinämie) als Risikofaktoren für die Entstehung der Arteriosklerose
1971. 23 Seiten – 10 Abbildungen – 4 Tabellen – 8° – M 3,90

Heft 5 Prof. Dr. Hans DRISCHEL, Biologische Rhythmen
1972. 57 Seiten – 31 Abbildungen – 1 Tabelle – 8° – M 6,60

Heft 6 Prof. Dr.-Ing. Dr. h. c. KURT SCHWABE, Konzentrierte Elektrolytlösungen – Thermodynamische und kinetische Eigenschaften 1972. 49 Seiten – 27 Abbildungen – 2 Tabellen – 8° – M 7,50

Heft 7 Prof. Dr. WOLFGANG TUTSCHKE, Konstruktion von globalen Lösungen mit vorgeschriebenen Singularitäten bei partiellen komplexen Differentialgleichungssystemen 1972. 24 Seiten – 8° – M 4,50

Band 110

Heft 1 Prof. Dr. h. c. PAUL GÖRLICH, Über die Laser und ihre Anwendung
1972. 24 Seiten – 8° – M 2,30

Heft 2 Prof. Dr. HASSO ESSBACH, Zum Problem der Tumoren im Kindesalter
1972. 24 Seiten – 11 Abbildungen auf 10 Kunstdrucktafeln – 8° – M 6,–

Heft 3 Prof. Dr. med. WALTER BREDNOW, Zur Anthropologie des Schwindels
1973. 17 Seiten – 2 Abbildungen auf 2 Kunstdrucktafeln – 8° – M 2,50

Heft 4 Prof. Dr. h. c. PAUL GÖRLICH, Betrachtungen über den Wissenschaftlichen Gerätebau
1972. 39 Seiten – 8° – M 3,–

Heft 5 Prof. Dr. ERICH RAMMLER, Einige Betrachtungen über Erdgas
1974. 43 Seiten – 8 Abbildungen – 3 Tabellen – 8° – M 4,50

Heft 6 Prof. Dr. GUSTAV E. R. SCHULZE, Zur Rolle des Einfachheitsprinzips im physikalischen Weltbild
1974. 23 Seiten – 4 Abbildungen – 8° – M 2,50

Heft 7 Prof. Dr. med. ROLF EMMRICH, Zwischen Leben und Tod. Ärztliche Probleme der Thanatologie
1974. 22 Seiten – 2 Abbildungen – 4 Tabellen – 8° – M 3,50

Band 111

Heft 1 Prof. Dr. Wilhelm MAIER, Vom Erbe Bernhard Riemanns 1975. 16 Seiten – 8° – M 2,50

Heft 2 Prof. Dr. med. HANS DRISCHEL, Organismus und geophysikalische Umwelt
1975. 50 Seiten – 25 Abbildungen – 1 Tabelle – 8° – M 7,–

Heft 3 Prof. Dr. MARIA HASSE, Zum Begriff des allgemeinen Produkts von Kategorien
1975. 32 Seiten – 8° – M 5,–

ISSN 0371-327X

SITZUNGSBERICHTE DER SÄCHSISCHEN AKADEMIE
DER WISSENSCHAFTEN ZU LEIPZIG

Mathematisch-naturwissenschaftliche Klasse
Band 115 · Heft 6

ERNST NEEF

DER VERLUST DER ANSCHAULICHKEIT IN DER GEOGRAPHIE UND DAS PROBLEM DER KULTURLANDSCHAFT

AKADEMIE-VERLAG · BERLIN

1981

Vorgetragen in gekürzter Form in der Sitzung am 16. Mai 1980
Manuskript eingereicht am 16. Januar 1981
Druckfertig erklärt am 12. August 1981

Erschienen im Akademie-Verlag, DDR - 1080 Berlin, Leipziger Straße 3—4
© Akademie-Verlag Berlin 1981
Lizenznummer: 202 · 100/533/81
Gesamtherstellung: VEB Druckhaus „Maxim Gorki", 7400 Altenburg
Bestellnummer: 762 993 0 (2027/115/6) · LSV 5005
Printed in GDR
DDR 5,— M

INHALTSVERZEICHNIS

1. Einleitung

1.1. Einführung in das Problem

Die Anregung für das Thema, das mich schon lange Zeit beschäftigt, verdanke ich dem Vortrag von Herrn KELLER, gehalten im Dezember 1978, über Anschaulichkeit in der Mathematik. Er sagte: „In der Mathematik hat sich, wie in vielen anderen Wissenschaften, in der Mitte dieses Jahrhunderts ein *Stilwandel* vollzogen. Er ging *vom Anschaulichen zum Formalen, vom Schönen zum Brauchbaren und Beherrschbaren.*" (Hervorhebungen von E. NEEF.) Für mich war es besonders interessant, daß ein Mathematiker über den Verlust an Anschaulichkeit klagt, da wir Geographen leicht geneigt sind, gerade in der Mathematisierung der Wissenschaften eine der wesentlichen Wurzeln dieser Entwicklung zu sehen. Der Verlust an Anschaulichkeit muß daher wohl ein viel allgemeinerer Trend in Leben und Wissenschaft sein. Besonders bedeutsam wird er in den beschreibenden Wissenschaften, speziell in der Geographie, und hier wiederum besonders problematisch bei den hochintegrierten Komplexen der Kulturlandschaft. Kulturlandschaftsforschung ist „außer Mode", und damit ist einer der anregendsten Forschungsgegenstände der Geographie weitgehend entwertet.

Ohne an die besonderen Erscheinungen in der Geographie zu denken, hat Herr KELLER eine treffende Charakteristik gegeben: vom Anschaulichen zum Formalen, vom Schönen zum Brauchbaren. Denn die Anschaulichkeit der Darstellung eines geographischen Gegenstandes ist in der Geographie von jeher von besonderer Bedeutung gewesen. Aber Anschaulichkeit ist immer stark von subjektiven Elementen bestimmt; sie ist auch nicht formalisierbar. Soweit Formalisierung Voraussetzung für die Anwendung quantitativer Methoden ist, muß die anschauliche Darstellung notwendigerweise durch andere Mittel der Sachinformation ersetzt werden. Der zweite Teil der KELLERschen Charakteristik gilt für die Geographie in besonderem Maße. Das Landschaftsbild mit seinen Sinnenreizen hat immer ästhetische Gesichtspunkte herausgefordert. Die Schönheit der Landschaft ist nicht nur Gegenstand künstlerischer Gestaltung in der Landschaftsmalerei und Landschaftsarchitektur. Sie ist schon in der Mitte des vorigen Jahrhunderts als „Ästhetische Geographie" zum Aufgabenbereich der Geographie gerechnet worden. In der Medizin ist der therapeutischen Rolle der Landschaft besonders von seiten der Kurortwissenschaften große Bedeutung zuerkannt worden (JORDAN 1979). Gegenwärtig werden landschaftliche Reize weltweit für den Wirtschaftszweig Fremdenverkehr und Touristik in ökonomische Werte umgesetzt, wofür nun die Werbung wieder „anschauliche“ Mittel entwickelt, während gleichzeitig in der geographischen Literatur Asnchaulichkeit oftmals bewußt gemieden wird. Es besteht also offensichtlich eine paradoxe Situation, die das allgemeine Problem unseres Themas gut beleuchtet.

1.2. Anschauung — Anschaulichkeit

Vorerst sollen einige klärende Bemerkungen zum Wortgebrauch vorausgeschickt werden.

Ein geographisches Objekt ist sinnlich wahrnehmbar. Die Sinne vermitteln Anschauung; diese wird also mittels Sinneswahrnehmungen direkt gewonnen. Bewußte sinnliche Wahrnehmung nennen wir Beobachtung. Ein alter Leitsatz der Geographie, von keinem Geringeren als ALBRECHT PENCK herausgehoben, heißt: „Beobachtung ist die Grundlage der Geographie“. Dieser Leitsatz bringt zum Ausdruck, daß der Geograph Anschauung von seinem Untersuchungsgegenstand benötigt, die durch zusätzliche Methoden, z. B. durch instrumentelle Messungen, ergänzt und präzisiert werden kann. Wenn jemand (wie G. HARD, 1973, S. 49ff.) leugnet, daß Beobachtung die (oder eine) Grundlage der Geographie ist, dann behauptet er zugleich, daß der Geograph die Anschauung seines Forschungsobjektes entbehren könne. Die Vorstellung der Dinge, die die Welt um uns ausmachen, würde dann bedeutungslos. Jedoch: aus der Anschauung der Dinge und den dadurch vermittelten Vorstellungen erwachsen die Fragestellungen der Wissenschaft, von den Grundhypothesen bis zur Terminologie. Anschaulichkeit ist im Unterschied von der direkten Anschauung der Objekte der indirekte Weg, durch Beschreibung oder andere Darstellungsformen des Objektes Vorstellungen zu erzeugen. Ohne diesen indirekten Weg der Vermittlung von Vorstellungen könnte die geographische Wissenschaft nur auf die Erfahrung aus unmittelbarer Beobachtung zurückgreifen. Anschaulichkeit ist keine Eigenschaft der Dinge, sie ist auch keine Methode, sondern ein Darstellungsprinzip, das als didaktische Forderung im Prozeß geistiger Kommunikation Geltung hat. Der Sinn dieses Prinzips liegt in der Erzeugung möglichst klarer Vorstellungen von dem jeweiligen Forschungsgegenstand. Die Erleichterung und Beschleunigung dieses geistigen Prozesses gilt als Maßstab für die Anschaulichkeit einer Darstellung.

In dieser Studie geht es um die unmittelbar anschauliche Darstellung geographischer Objekte insbesondere der komplexen, hochintegrierten landschaftlichen Einheiten. Die durch Beobachtung gewonnenen Einzelerfahrungen an geographischen Individuen werden durch geographischen Vergleich in einer ersten Abstraktionsstufe zu Typen zusammengefaßt, für die neue Begriffe geschaffen werden, soweit solche Typenbenennungen nicht bereits in der Umgangssprache vorgebildet sind und übernommen werden. Trotz eines gewissen Abstraktionsgrades, der die Einmaligkeit des individuellen Falles überwindet, bleibt die Anschaulichkeit gewahrt, und das ist auch bei der Bildung weiterer Stufen der typologischen Ordnung meist der Fall. J. SCHMITHÜSEN hat speziell bezüglich des Landschaftsbegriffes von einer „anschaulichen Abstraktion" gesprochen.[1]

1.3. Gliederung der Studie

Überschaut man kursorisch das Phänomen „Verlust der Anschaulichkeit", so ergeben sich mehrere Gesichtspunkte, die der weiteren Erörterung wert sind.

Erstens erweist sich: die Minderung der Anschaulichkeit durch fortschreitende Abstraktion ist ein allgemeiner und wohl auch unvermeidbarer Trend in den Wissenschaften, der mit dem Fortschritt der Wissenschaft eng verbunden ist.

Zweitens stellt sich die Frage, warum, wodurch und wann dieser wissenschaftliche Trend zu Fehlentwicklungen Anlaß geben kann und als Hemmnis sowohl innerhalb einer einzelnen Wissenschaft als insbesondere auch bei der Vermittlung wissenschaftlicher Erkenntnisse an andere Disziplinen, also in der interdisziplinären Arbeit, wirken kann.

Drittens wird die Frage der sogenannten „verständlichen Wissenschaft" angeschnitten, die in der populärwissenschaftlichen Publizistik einen hohen Rang einnimmt.

Abschließend sollte die Frage gestellt werden, ob es nicht eine Aufgabe der multidisziplinär aufgebauten Akademien der Wissenschaft wäre, sich mit solchen allgemeinen, jedoch konsequenzenreichen Entwicklungstrends sine ira et studio zu beschäftigen.

[1] In der Diskussion hat Professor JORDAN darauf hingewiesen, daß bei einer frühereren Erörterung ähnlicher Fragen zwischen der unmittelbaren „ikonischen" Anschaulichkeit und der daraus durch Abstraktion abgeleiteten „semantischen" Anschaulichkeit unterschieden worden sei. Dieser Übergang zur semantischen Anschaulichkeit ist für die Herausbildung einer anschaulichen Wissenschaftssprache von besonderer Bedeutung. Ein großer Teil der hier angeschnittenen Fragen beziehe sich offensichtlich auf diese Abstraktionsstrecke. Das ist für einfache Strukturen sicher zutreffend. Die tieferen Probleme aber liegen bei den hochintegrierten landschaftlichen Komplexen.

2. Zur Wissenschaftsentwicklung

2.1. Fortschreitende Abstraktion — notwendiger Wissenschaftstrend

Jede Wissenschaft hat einige grundlegende Aufgaben zu erfüllen.

1. Sie muß ihre Befunde ordnen, systematisieren und klassifizieren. Ohne eine solche Ordnung blieben die meisten von ihr zu bewältigenden Aufgaben ohne feste Grundlage.

2. Sie hat Begriffe zu schaffen, die Sachverhalte eindeutig kennzeichnen, Identitäten feststellen, Unterschiedliches klarlegen lassen, Verwechslungen und Vermischungen ausschließen. Dadurch entsteht eine eigene Wissenschaftssprache, die zugleich eine gewisse Normung des Sprachgewandes mit sich bringt.

3. Sie erarbeitet Regelhaftigkeiten, Gesetzmäßigkeiten und im günstigen Falle auch strengere Gesetze. Deren Formulierung muß in einer eindeutigen und strengen Form erfolgen, am besten in Form einer mathematischen Abbildung des Zusammenhanges. Um die hohe Stufe der Gesetzmäßigkeiten zu erreichen, ist es unerläßlich, eine mehr oder weniger weitgehende Abstraktion vorzunehmen, das heißt, Zufälligkeiten und Randbedingungen, die differenzierend und modifizierend wirken und dadurch stören, zu eliminieren. Ohne eine solche Isolierung des Kernproblems ist keine Analyse möglich, die das gesetzmäßig Faßbare herausarbeitet. Mit welchen Methoden und mit welcher Zielrichtung dieser Vorgang der „Erfassung des wissenschaftlichen Objekts" und die damit verbundene Begriffsbildung und Systematisierung erfolgt, ist nicht nur eine Frage der Einzelwissenschaften, sondern auch Hauptgegenstand der Wissenschaftstheorie und der Wissenschaftsgeschichte. Dabei werden oft zeitgebundene Fragestellungen in den Vordergrund gerückt, bestimmte Lösungswege bevorzugt, andere zurückgedrängt. Solche „modenhafte" Erscheinungen führen zu Einseitigkeiten und Übertreibungen, die man als „Allgemeingültigkeitssyndrome" bezeichnen könnte.

Man kann also, ohne einen großen Fehler zu begehen, den Fortschritt der Wissenschaft mit der Entwicklung des analytischen Denkens und Arbeitens verbinden und dieses wiederum mit einem zunehmenden Abstraktionsvermögen. Denn nur das Abstreifen des Zufälligen und die Konzentration auf den Kern eines Phänomens gestatten es, Regelhaftigkeiten und Gesetzmäßigkeiten genau zu erfassen. Die Gewinnung einer tieferen Einsicht in das Wesentliche eines Phänomens durch eine immer feiner werdende Analysentechnik ist jedoch zugleich mit einer Einengung der Gültigkeitsgrenzen der gewonnenen wissenschaftlichen Aussage verbunden. Das bedeutet meist auch eine Einengung des realen Untersuchungsgegenstandes; denn die Analyse rückt notwendigerweise von der Wirklichkeit des geographischen Komplexes und der in ihm herrschenden Mannigfaltigkeit etwas ab, und zwar um so mehr, je komplizierter dieser aufgebaut ist.

2.2. Begründung der entstehenden Probleme

Wenn nun aber Abstraktion, Eliminierung von randlichen Erscheinungen und Herausschälen eines engeren Problems als Kernproblem ein legitimes Recht, ja notwendige Voraussetzung für eine wissenschaftliche Analyse sind — warum wird diese Wissenschaftshaltung auf einzelnen Gebieten zum Hemmnis für die Gewinnung weiterer Erkenntnis? Dabei muß der Verlust an Anschaulichkeit nur als Symptom von Vorgängen in der Wissenschaft angesehen werden, die die eigentliche Ursache darstellen.

Es gibt viele Äußerungen, sowohl Klagen als auch Forderungen, über die Wissenschaftsentwicklung. Die am meisten zu hörende und auch kaum unwidersprochene Feststellung betrifft die „Atomisierung“ der Wissenschaft als Folge der Spezialisierung, da das Zusammenführen der reichen Ergebnisse, die Synthese, fehle und ohne theoretisches Fundament bleibe. Tatsächlich fehlen wirksame Methoden für eine „Synthetik“ weitgehend. Damit haben wir einen Anhaltspunkt für einen Eingang zum Problem, vielleicht sogar einen Ausgangspunkt für weitere nützliche Gedanken. Es müssen also einige Bemerkungen zum Problem „Analyse und Synthese“ gemacht werden (s. Abschnitt 2.3.).

Unzulänglichkeiten, wie sie in der schwindenden Anschaulichkeit wissenschaftlicher Ausdrucksformen sichtbar werden, treten oft auf, wenn die Grenzen einer vorgegebenen Ordnung überschritten oder mißachtet werden. Das berührt die Frage, ob für die Wissenschaft, für ihre Arbeitsmethoden, ihre Ausdrucksformen und selbst für das Verhalten der Wissenschaftler bestimmte Regeln existieren, die bei Nichtbeachtung zu Fehlorientierungen und Fehlverhalten Anlaß geben können.

Wissenschaft ist eine sehr wichtige Funktion innerhalb der arbeitsteiligen Gesellschaft. Aus der Arbeitsteilung ergeben sich ihre Stellung, ihre speziellen Aufgaben, ihre Arbeits- und auch ihre Aussageformen. Aus dem gesellschaftlichen Auftrag resultieren ihre Besonderheiten, und daher können allein aus diesem Auftrag Maßstäbe für die Überprüfung von Verhaltensweisen abgeleitet werden, die einer Korrektur oder Kompensation bedürfen. Der allgemeine Auftrag der Gesellschaft an die Wissenschaft aber kann nur sein, die Kenntnis unserer Lebenszusammenhänge und Lebensbedingungen zu erweitern und zu vertiefen, um die Fragen besser beantworten zu können, die in der Gesellschaft zur Lösung verschiedenartiger Lebensprobleme ständig gestellt werden. Jede Isolierung, jede Vernachlässigung der Kontakte zur Gesellschaft und ihren Einrichtungen sowie alle Aussageformen, die dem Nichtwissenschaftler unverständlich bleiben müssen, rufen Widersprüche zur ursprünglichen Einordnung der wissenschaftlichen Arbeit hervor. Gerade in diesem Zusammenhang ist die Anschaulichkeit wissenschaftlicher Aussagen von besonderer Bedeutung. Ist der Zusammenhang zwischen Analyse und Synthese in erster Linie oder ausschließlich eine innere Entwicklungsfrage jeder einzelnen Wissenschaft, so rührt der zweite Widerspruch an die Kontaktpflichten und damit an die Kommunikationsaufgaben, die der Wissenschaft aus dem allgemeinen gesellschaftlichen Auftrag auferlegt worden sind.

2.3. Das gestörte Verhältnis Analyse—Synthese

Wir wollen tiefere Einsicht in eine Erscheinung gewinnen, die wir nach äußeren Merkmalen beschreiben können, die wir benennen, mit anderen ähnlichen Erscheinungen vergleichen, auch hinsichtlich ihrer Nützlichkeit oder Schädlichkeit für unser menschliches Dasein beurteilen. Warum ein Objekt in unserer Umgebung so ist, warum sich eine Person oder Personengruppe so und nicht anders verhält, warum und in welcher Weise sich ein Gegenstand verändert, das alles und vieles andere veranlaßt zu Fragen, die hinter die äußere Erscheinung führen. Damit kommt es zur Heraushebung der bestimmenden Faktoren und Komponenten, der vermutbaren Ursachen und Kräfte, das aber heißt: zur Analyse. Diese erfordert immer eine Auflösung der großen Gesamtkomplexe, damit notwendigerweise eine Minderung der Anschaulichkeit, da die Wirklichkeitsnähe der analytischen Vorstellungen zum Gesamtkomplex ja ebenfalls geringer geworden ist.

Analyse ist eine Vereinzelung der Komponenten und Faktoren, die die Realität des geographischen Komplexes als anschauliche Form, als Gestalt aufhebt. Analyse führt also von der Realität weg, mehr ins Abstrakte, wenn auch, um im gesellschaftlichen Auftrag eben diese Realität besser verstehen zu können. Das ist von grundsätzlicher Bedeutung. Denn die Ergebnisse der Analyse sollten auftragsgemäß in die Erklärung des realen Untersuchungsobjektes zurückgeführt werden, für die sie angestellt wurden. Soweit erforderlich sollte hierbei dem Gesichtspunkt der Anschaulichkeit Rechnung getragen werden. Das bedeutet: nichtverständliche Ergebnisse der analytischen Untersuchungen müssen in den primären Zusammenhang der Fragestellung in anschaulicher Form, in der Regel also in sprachlich verständlicher Weise, eingefügt werden. *Diese Rückführung der analytischen Aussagen in den Primärzusammenhang aber unterbleibt vielfach.* Der Kreis der Erkenntnisgewinnung ist nicht geschlossen. Die Arbeitsergebnisse der Analysen üben nicht mehr die vorgesehene Funktion aus und bleiben als zusätzliche Erkenntnismöglichkeit für kompliziertere geographische Komplexe ungenutzt. Die Analyse macht sich selbständig, wird zum selbständigen Wissensgebiet, das Werkzeug zur Gewinnung vertiefter Einsichten wird zum eigentlichen Wissenschaftsziel. Die Einheit von Analyse und Synthese geht verloren. Dabei wird die ursprüngliche Fragestellung ihrer zentralen Bedeutung beraubt, des wissenschaftlichen Interesses entkleidet. Sie verschwindet schließlich aus dem Blickfeld der Wissenschaft.

Diese Nebenwirkung des Fortschrittes der Analytik zwingt dazu, die Konsequenzen zu durchdenken. Es geht nicht darum, die Analytik einzuschränken, sondern darum, daß der Erkenntniskreis der Einheit von Analyse und Synthese wieder geschlossen, wieder funktionsfähig wird, daß die analytischen Erfahrungen wieder für das Verständnis hochintegrierter Komplexe genutzt werden. Dazu ist die Entwicklung entsprechender synthetischer Methoden, eine *Synthetik*, erforderlich.

Die Notwendigkeit eines gewissen Gleichgewichtes zwischen Analyse und Synthese ergibt sich auch aus der Feststellung, daß sich das analytische Denken und Arbeiten nicht nur verselbständigt hat, daß das Hilfsmittel, Instrument oder Werkzeug zum Selbstzweck geworden ist, sondern darüber hinaus die peinliche Tendenz zeigt, sich zum Maßstab für Wissenschaftlichkeit überhaupt zu machen. Der Fortschritt der Analytik wird zum eigentlichen Fortschritt der Wissenschaft erklärt. Die Arbeitsformen der Analytik werden zur Norm. So wird zum Beispiel immer wieder die geringe Genauigkeit geographischer Aussagen gerügt, die Überlegenheit der geographischen Spezialwissenschaften hervorgehoben. Der Untersuchungsgegenstand, der in der Geographie meist ein hochkompliziertes Gebilde ist und schon wegen seines hohen Integrationsgrades besonderen Verfahrensregeln unterliegt, bleibt dann angesichts so strenger, wenn auch abwegiger Maßstäbe außerhalb der Arbeitsmöglichkeiten der heutigen Wissenschaft. Ganze lebenswichtige Problemkreise sind wissenschaftlicher Durchforschung nicht zugänglich. Es fehlt bereits an den tragenden Basistheorien für solche hochkompliziertén Erscheinungen, wie sie sich um die Kulturlandschaft und ihre Beherrschung ranken. Daß die Umweltproblematik so lange unbeachtet blieb, beruht unter anderem zu einem nicht unbedeutenden Teil auch auf ihrem komplizierten Charakter, der analytisch so schwer faßbaren Eigenart der Vielstoffsysteme.

Das aktuelle Problem ist und bleibt die Entwicklung tragfähiger Denk- und Aussageformen für die synthetischen Wissenschaftszweige. Eine besondere Schwierigkeit besteht darin, daß die heutige Wissenschaftssprache fast ausschließlich von der analytisch denkenden Wissenschaft aufgebaut worden ist. Der Gebrauch solcher Termini in synthetischen Zusammenhängen muß aber verwirrend wirken, da dadurch immer wieder analytische Denkmuster reproduziert werden. Aus den bisherigen Erfahrungen der Umweltforschung als eines synthetisch geprägten Wissenschaftsbereiches läßt sich ableiten, daß die Grundbegriffe für die wissenschaftliche Synthese anschaulichen Charakter besitzen werden, wahrscheinlich sogar besitzen müssen, um integrierte Komplexe mit einfachen Worten kennzeichnen zu können. Darüber ist später noch etwas zu sagen.

Eine besondere Note und Verschärfung erfuhr der Verlust an Anschaulichkeit mit der Einführung quantitativer Verfahren und mathematischer Methoden in der Geographie. Da die meist verbal beschriebenen geographischen Merkmale ohne Formalisierung nicht rechenbar sind, erst in eine entsprechende Form umgegossen werden müssen, erfolgen die Sachinformationen in einer zunächst ungewohnten Form. Dabei werden von der Geographie geschaffene anschauliche Kennzeichnungen bereits komplexen Charakters vielfach wieder in Einzelkomponenten aufgelöst, was einer primitiveren Stufe der Synthese entspricht. Die Merkmale werden zu Variablen, wobei die leicht meßbaren und leicht erreichbaren Daten bevorzugt in die erarbeiteten Algorithmen eingearbeitet werden, die nicht meßbaren oder schwer und unvollständig erreichbaren unberücksichtigt bleiben müssen (sie sind nach KELLER nicht beherrschbar!). Das Berechenbare ist begrenzt, und bereits aus diesem Grunde kann sich das erreichbare Rechenergebnis nicht mit der geographischen Wirklichkeit decken. In den meisten Fällen wird überdies eine ausreichende Interpretation der Rechenergebnisse hinsichtlich ihrer Deckung mit der Wirklichkeit oder der Bestimmung der Abweichung nicht vorgenommen.

Viele der Wissenschaftler, die der Quantifizierung durchaus zugewandt sind, mußten feststellen, daß die Grenzen, die die mathematischen Möglichkeiten heute der mathematischen Behandlung von Vielstoffsystemen setzen, sich unangenehm auswirken. Probleme, die die mathematischen Möglichkeiten überfordern, werden nämlich von der Forschung ausgespart. Das Werkzeug Mathematik bestimmt also, was für die wissenschaftliche Forschung interessant, weil machbar ist. So kommt es zu einer Bevorzugung der elementaren oder niedrigkomplexen Probleme der Teilglieder hochkomplexer Phänomene. Da gleichzeitig die Versuche einer ganzheitlichen Beurteilung durch eine verbale Charakteristik abgelehnt werden, weil diese sich der modernen Möglichkeiten der speziellen Analyse nicht bediene, entsteht eine Lücke, die insofern peinlich ist, als dadurch Fragen, die von großer allgemeiner Bedeutung für das Leben der Gesellschaft und der einzelnen Menschen sind, aus den Forschungsprogrammen verschwinden, die Probleme selber als gar nicht existent erscheinen können. Im Falle der Geographie kommt — wie bereits oben bemerkt — hinzu, daß die sehr begrenzte Möglichkeit, verbale Charakteristiken mit sehr exakten Daten auszustatten, zu dem Urteil geführt hat, daß die speziellen Geowissenschaften, die ihren Untersuchungsgegenstand aus dem Gefüge des Gesamtkomplexes herauslösen dürfen, bessere wissenschaftlich begründete Aussagen erbrächten als die komplex arbeitende Geographie, die dem Fortschritt nicht mehr folgen könne. Hier werden zwei völlig verschiedene, ja fast gegensätzlich orientierte Arbeits- und Betrachtungsweisen im Rangvergleich nebeneinandergestellt, die nicht vergleichbar sind. Sie müßten — im Sinne der Auffassung von NIELS BOHR — als komplementär bezeichnet werden. Da man diese Komplementarität nicht erkannt hat oder nicht anerkennt, entsteht eine theoretisch völlig ungeklärte Situation in der Geographie.

Wir können damit, daß wir die *Komplementarität* der Betrachtungsweisen heranziehen, den grundsätzlichen Unterschied zwischen der komplex arbeitenden Geographie und den speziellen Geowissenschaften, aber auch zwischen verschiedenen Zweigen der Geographie, deutlich machen. Aus geschichtlichen Gründen jedoch sind beide Arbeitsrichtungen institutionell an den Universitäten vereinigt, was ihrer klaren Unterscheidung wenig dienlich ist. Das Problem Mutterwissenschaft und Tochterwissenschaft erfährt vom Gesichtspunkt der Komplementarität her eine sehr aufschlußreiche Beleuchtung. Von der Komplementarität der Betrachtungsrichtungen ausgehend, wird die Frage der Arbeitsteilung in der Geographie, die Entwicklung der Methodik und der Terminologie in den synthetischen Zweigen neu durchdacht werden müssen.[2]

2.4. Einordnungs- und Kontaktfragen

Als *Grenzüberschreitungen* sollen alle wissenschaftlichen Verhaltensweisen bezeichnet werden, die bestehende Ordnungen mißachten und daher vorgegebene Gültigkeitsgrenzen überschreiten. Diese sind zu beachten bei allen Aussagen, die unter bestimmten Voraussetzungen (Versuchsanordnungen, hypothetischen Prämissen usw.) gewonnen worden sind. Dazu gehören auch alle Aktionen im Territorium, die eine historisch begründete Nutzung vorfinden, welche der Freiheit des Handelns Grenzen setzt. Bedeutungsvoll können aber auch Unterschiede im gesellschaftlichen Verhalten werden, die meist sehr schwer definierbare konventionelle Grenzen entstehen lassen. Eine solche besteht auch zwischen Wissenschaftlern und Nichtwissenschaftlern. Oft werden diese Grenzen durch die den einzelnen Gruppen eigene Ausdrucksweise, also durch die Sprache, erkennbar.

Auch wenn die Wissenschaft eigene Verhaltensweisen und einen eigenen Sprachstil entwickelt hat, so ist sie doch ihrem gesellschaftlichen Auftrag gemäß nicht isoliert. Aus gemeinsamen Anliegen entstehen Kontakte, die dazu zwingen, wissenschaftliche Erkenntnisse an andere Institutionen weiterzugeben. Die Übergabe wissenschaftlicher Ergebnisse und Erfahrungen an Interessenten und Nutzer macht es erforderlich, die in der Wissenschaftssprache formulierten Ergebnisse in die allgemein verständliche Umgangssprache zu übersetzen.

[2] In der Mathematisch-Naturwissenschaftlichen Klasse der Sächsischen Akademie der Wissenschaften zu Leipzig sind auf Anregung von Herrn BUCHHEIM mehrere Diskussionen zum Begriff der Komplementarität durchgeführt worden. Sie haben sich, zunächst unerwartet, auch für die Geographie als sehr anregend erwiesen.

Das ist ein unbedingt notwendiger, mithin also legaler Vorgang, für den eine ganze Reihe von Regeln zu beachten ist. Als „Dolmetscher“ fungieren entweder Wissenschaftler, die die erarbeiteten Verfahren und Methoden in die Betriebe überführen und dafür allgemein verständliche (umgangssprachlich „idiotensichere“!) Gebrauchsanweisungen geben, oder einzelne Mitarbeiter in den Betrieben beherrschen die wissenschaftliche Problematik und die damit verbundene Wissenschaftssprache so weit, daß sie die Übernahme von neuen wissenschaftlichen Erkenntnissen von sich aus lenken und leiten können. Allgemein handelt es sich in verschiedener Form um das gleiche, um das, was man gemeinhin als *„verständliche Wissenschaft“* und als populärwissenschaftliche Literatur bezeichnet. Verständlichkeit heißt, die nicht bekannten Fachtermini zu erläutern, wofür mit Nutzen die Formulierung der Begriffsinhalte selber herangezogen werden kann. Oft müssen historische Abschnitte der Problementwicklung, weil sie zum Verständnis unentbehrlich sind, dargeboten werden, während ihre Kenntnis in der Fachliteratur vorausgesetzt werden kann. Veranschaulichung durch graphische Darstellungen oder Abbildungen gehören ebenfalls zu den wichtigen Hilfsmitteln. Die populärwissenschaftliche Arbeit erfordert gegenüber der reinen Fachdarstellung zusätzliche Überlegungen und kritische Überprüfung oder auch Neuformulierung des Textes. Im Gegensatz zu dem geforderten Mehraufwand an Arbeit wird die populärwissenschaftliche Publikation meist weit geringer eingeschätzt als eine Facharbeit.

Zur Erzeugung von Vorstellungen werden häufig *Vergleiche* verwendet. Damit können allerdings leicht wissenschaftlich falsche Vorstellungen provoziert werden. Das bekannteste Beispiel ist der biologische Vergleich, also der Vergleich mit Organismen bzw. Lebensvorgängen und Lebensstadien. Er zieht vielfach menschliche Verhaltens- und Urteilsweisen heran. Die moderne Form des unzulässigen und schiefen Vergleichs sind die aus der Soziologie entlehnten Vergleiche. Das Sprachgewand — und nicht nur das populärwissenschaftliche — bedient sich soziologischer Formeln, insbesondere aus der Verhaltensforschung. Der behavioristische Zugang zur Landschaft stellt die wahrgenommene, nicht die reale Landschaft in den Mittelpunkt der Forschung. Unvermittelt stehen beide Betrachtungsweisen, die naturwissenschaftliche und die soziologisch-behavioristische, nebeneinander.

Es fällt leider auf, daß die verständliche Wissenschaft gegenüber der reinen Wissenschaft durchweg einen minderen Rang zugewiesen erhält. Die Folge ist, daß trotz aller hochschuldidaktischen Versuche der verständlichen Wissenschaft keine ausgebildete Theorie, also keine ausgefeilte Didaktik zur Verfügung steht. Eine solche würde der Frage der Anschaulichkeit eine zentrale Stellung einräumen müssen, da nur damit ein richtiges Verständnis und wissenschaftlich einwandfreie Vorstellungen erzeugt werden können. Das ist Aufgabe der populärwissenschaftlichen Literatur. Daß eine gute und anschauliche verbale Formulierung Probleme und Ergebnisse auch in der wissenschaftlichen Forschung wesentlich fördern kann, sollte besser genutzt werden.

Diese wenigen Bemerkungen sollen sichtbar machen, daß die populärwissenschaftliche Arbeit einen bedeutsamen Übergang von wissenschaftlichen zu außerwissenschaftlichen Bereichen darstellt und damit ein echtes Problem der Wissenschaftslehre ist, dessen Vernachlässigung einen pseudowissenschaftlichen Stil begünstigt.

Pseudowissenschaftlichen Charakter haben gewisse Erscheinungen, die man auch als „Verwissenschaftlichung" bezeichnet hat, aber besser als pseudowissenschaftlich kennzeichnen sollte. Es handelt sich um die äußerliche Übernahme von Wörtern aus der Wissenschaftssprache, meist Fremdwörtern, in die Umgangssprache. Sie greift in viele Lebensbereiche ein, nicht immer ohne Störungen des Verständnisses. Sie schafft im Unterschied zur Wissenschaft selbst keine neuen Erkenntnisse und damit auch keine neuen Lebensqualitäten. Sie ändert ohne inneren Zusammenhang nur Sprachformeln, wenn auch zuweilen als Fortschritt deklariert. Für das Problem „Anschaulichkeit" bedeutet sie, daß die bunte und ausdrucksstarke Umgangssprache durch einzelne der Wissenschaft entlehnte Wörter und genormte Begriffe ersetzt wird, die zudem oft nicht richtig verstanden werden und ohne den eigentlichen wissenschaftlichen Kontext auch völlig überflüssig sind. „Verwissenschaftlichung" der Sprache in diesem äußerlichen Sinn ist eine Modeerscheinung, vergleichbar der Übernahme von einzelnen Floskeln aus anderen Sprachen; aber das ist zur Zeit eben „in". Hier liegt in erster Linie eine Aufgabe der Sprachpflege; denn diese Mode ist dadurch bedenklich, daß sie das Sprachgefühl abstumpft und das Sprachgut der Muttersprache aushagern läßt.

Insgesamt zeigt dieser allgemeine Überblick, daß in der Entwicklung der Wissenschaften Disproportionen auftreten können, die in besonderem Maße für die vorwiegend synthetisch arbeitenden Wissenschaftszweige hemmend wirken und dringend der Klärung bedürfen. Der Verlust der Anschaulichkeit ist ein Symptom für eine kritische Entwicklungsphase. Wie kompliziert dabei verschiedenartige Einflüsse zusammenwirken, soll an einem Beispiel, der Kulturlandschaftsforschung, gezeigt werden.

3. Das Beispiel Kulturlandschaft

3.1. Kulturlandschaft ist anschauliche Realität

Die Kulturlandschaftsforschung bietet ein hervorragendes Beispiel für die Vielzahl der Einflüsse, denen die Bedeutung eines wissenschaftlichen Arbeitsfeldes im Laufe von wenigen Jahrzehnten maßgeblich unterliegt. Vor dreißig

Jahren habe ich meine Erfahrung aus mehreren Jahren intensiver Arbeit in Planungsorganen in einer Studie zusammengefaßt (NEEF, 1950, 1980), die unter dem Leitwort „Kulturlandschaftsforschung" stand. Heute findet man die Bevorzugung des Wortes Kulturlandschaft nicht mehr, vielfach wird es vermieden oder durch mehr oder weniger passende Umschreibungen ersetzt (z. B. RICHTER/KUGLER 1972: landeskultureller Zustand des Territoriums) oder gar als Ausdruck einer überholten bürgerlichen Geographie strikt abgelehnt. Ganz gleich, wie die Gründe für diese Ablehnung formuliert sein mögen, es erhebt sich die Frage, welchen Bedeutungswandel und welchen Wertverlust dieser Begriff seit 1950 in der geographischen Wissenschaft erfahren hat; denn in anderen Wissenschaften ist „Kulturlandschaft" ein durchaus gängiger Begriff geblieben.

Das Wort Kulturlandschaft entstammt ohne Zweifel einer Zeit, in der, besonders in der Geographie, das physiognomisch Ansprechende in einer anschaulichen Beschreibung vorrangige Bedeutung hatte. Man denke daran, daß bedeutsame Gelehrte (z. B. FRIEDRICH RATZEL) über Naturschilderungen geschrieben haben. Man vergesse auch nicht, daß die klassischen Beschreibungen tropischer Länder durch ALEXANDER VON HUMBOLDT nicht nur Maßstäbe für einen neuen Beschreibungsstil gesetzt haben, sondern selber unmittelbarer Ausgangspunkt wissenschaftlicher Fragestellungen (z. B. Physiognomie der Gewächse) geworden sind. Diese verbale Anschaulichkeit, über Generationen hinweg wegen der teuren Abbildungen eine Notwendigkeit, ist, wie alle Ausdrucksformen in gepflegter Sprache überhaupt, heute weitgehend durch die abstrakte wissenschaftliche Begriffssprache und durch ausgefeilte Nomenklaturen ersetzt worden. Da dies als Wissenschaftsfortschritt deklariert wird und da diese Form der Mitteilung (heute generell als Information bezeichnet) in wissenschaftlichen Dingen vorteilhaft und bequem ist und außerdem weitgehend dem immer weiter um sich greifenden Wissenschaftsbetrieb in organisierten Normen entspricht, ist diese sprachliche Verarmung eine allgemeine Erscheinung. Was allein die drei Wörter System, Modell und Information an ausdrucksstarkem Wortgut verdrängt haben, läßt sich kaum abschätzen. Doch ist und bleibt die Kulturlandschaft sichtbare Realität. Die sprachliche Seite kann daher nur Symptom sein, die Gründe für die Verdrängung des Forschungsobjektes Kulturlandschaft müssen tiefer liegen.

3.2. Die Entwertung des Physiognomischen

Daß die Anschaulichkeit für die Geographie eine besondere Bedeutung hat, ist leicht einzusehen, wird aber oft übersehen. Doch rührt in diesem Fachgebiet die Ablehnung des Physiognomischen, des äußeren Erscheinungsbildes (leider ist der Begriff des Phänotypus nie in die Geographie übernommen worden) an Existenzfragen. Daß eine Beschreibung physiognomischer Sachverhalte unwissenschaftlich sei oder ihr die für Wissenschaft verbindliche Exaktheit und Eindeutigkeit fehle, kann nur jemand äußern, der die Funktion der Beschreibung als wichtiges Mittel der Datengewinnung mangels ausreichender eigener Erfahrung nicht kennt.

Selbstverständlich ist die Beschreibung eines Landschaftsbildes nicht das letzte Ziel der Geographie oder auch nur der akademischen Ausbildung. Aber das äußere Abbild liefert einen Zugang zum jeweiligen Sachproblem, und die physiognomischen Studien, die meist erst bei einer subtilen Beschreibung voll zur Geltung kommen, führen zu interessanten, manchmal auch zu sehr wichtigen Fragestellungen. Sie haben heuristische Bedeutung.[3]

Geschulte kritische Beobachtung ist daher eine der unersetzlichen Grundlagen geographischer Komplexforschung. Die Präzisierung von Beobachtungen durch Messungen ist ein regulärer Bestandteil der Beobachtungen, und es ist unzulässig, diese Form der Datengewinnung von der Beobachtung zu trennen. Ebensowenig dürfen die Zusammenfassung von räumlichen Befunden in Karten, Kartenskizzen sowie bereits generalisierte Darstellungen von der Beobachtung getrennt werden. Die kartographische Fixierung von Beobachtungen mit Maßstabverkürzung ist ein wichtiges Mittel, zu weit Verstreutes und schwer Überschaubares zusammenzuraffen und damit auf die Ebene der visuellen und meßtechnischen Auswertung zu heben.

Auch die so aktuell gewordene Fernerkundung, die die primitive und unzuverlässige Beobachtung weitgehend ersetzen soll, ist nichts anderes als eine Sonderform der Beobachtung mit weiteren technischen Hilfsmitteln. Selbst wenn mit Falschfarben gearbeitet wird, die jeder geläufigen Anschauung widersprechen, beruht die Aufgabenstellung primär doch auf der Vorstellung räumlicher Differenzierung. Wie unerläßlich übrigens die Feldbeobachtung bleibt, geht daraus hervor, daß zur Auswertung der falschfarbigen Fernaufnahmen spezielle Geländeerkundung über den Zustand der land- und forstwirtschaftlichen Nutzflächen angestellt werden (Geogr. Berichte, Heft 87, 1978).

Die Kulturlandschaft als Objekt mit einer reichen Erscheinungsfülle bedarf der ordnenden Übersicht. Je früher im Forschungsgang, umso besser. Der Vorgang kritischer Beobachtung verbindet die Wahrnehmung mit einer ersten Auswahl des wichtig Erscheinenden; es kommt zu einer Art Rangordnung der

[3] Ein wesentlicher Teil der studentischen Erziehung ist aber dem Auffinden von Problemen und der konkreten Formulierung von wissenschaftlichen Fragestellungen und Hypothesen gewidmet. Ein Verzicht auf die Beschreibung des Physiognomischen wäre zugleich ein Verzicht auf einen Teil der heuristischen Werte und müßte daher als Rückschritt der Ausbildung bezeichnet werden, der wohl noch schwerer wiegt als der Verlust an Anschaulichkeit, weil dieser in erster Linie die geographisch interessierte Laienwelt, weniger die zur Forschungsarbeit berufene jüngere Generation betrifft.

Gegenstände, auch wenn diese zunächst sehr subjektiv sein dürfte. Vor allem aber ergeben sich aus einer solchen ordnenden Beobachtung unmittelbar verschiedene Aspekte der Kulturlandschaft. So wird das historische Element durch die historischen Bauten demonstriert. Die Beobachtung lehrt aber auch soziale Unterschiede, die sich in der Physiognomie von Wohnvierteln der Städte oder Dörfer abbilden. Immer wieder weist die Beobachtung auf aktuelle Funktionen hin, die eine Stadt für die eigenen wie für die Bewohner des Umlandes zu erfüllen hat.

Von ordnender Bedeutung ist die Erkenntnis, daß viele Objekte die Zeit überdauert haben, in der sie entstanden sind und funktionstüchtig waren. Das führt zur Vorstellung des Beharrungsvermögens, der „*Persistenz*“, die zu einem eminent wichtigen Grundbegriff der Kulturgeographie geworden ist. Allenthalben schließen sich an die Beobachtungen Fragestellungen an und in deren Rahmen gezielte Arbeitsprogramme aufgrund von Arbeitshypothesen. Oftmals müssen, wenn die Untersuchung ins Stocken kommt, erneut Beobachtungen im Untersuchungsgebiet angestellt werden.

Sie betreffen vor allem regionale und lokale Differenzierungen, da hierfür die statistischen Unterlagen oft nicht ausreichen. In einer jüngeren Studie über die Nebenwirkungen gesellschaftlicher Aktivitäten im Naturraum (NEEF u. a., 1979) habe ich darauf hingewiesen, daß die für eine größere Anzahl von Fällen erarbeiteten Modelle zur Erreichung der erforderlichen Wirklichkeitstreue noch präzisierender Ergänzung durch induktive Arbeitsschritte bedürfen. Diese Kombination dürfte für die geographische Arbeitsweise typisch und verbindlich sein. Die konkrete Anschauung des Untersuchungsobjekts wirkt also in mehrfacher Hinsicht förderlich.

3.3. Der Abbau des ästhetischen Aspekts

Mit der physiognomischen Betrachtungsweise eng verbunden ist die ästhetische Würdigung der Landschaft. Die Schönheit einer Landschaft ist unabhängig vom speziellen Inhalt an das Sehen, an die Anschauung gebunden. Die ästhetische Würdigung hat von jeher eine besondere Rolle gespielt, was dazu verleitet hat (HARD, 1973), die gesamte Landschaftsvorstellung der Geographie von der Landschaftsmalerei herzuleiten. Daß die Darstellung eines naturnahen Hintergrundes für biblische Darstellungen mit Landschaft bezeichnet wurde, ist wohl Beleg dafür, daß die Malerei im 15. Jahrhundert den Namen Landschaft als gebräuchliche Bezeichnung für das Erscheinungsbild eines Landstrichs vorgefunden und nicht neu erfunden hat.

Ohne Zweifel belebt die Hervorhebung der Landschaftsreize, der Schönheit der ursprünglichen wie der Kulturlandschaft, die Bildung geographischer Vorstellungen, wenn auch eine einseitige Bevorzugung der bemerkenswerten

Lokalitäten damit verbunden zu sein pflegt. Die ungezielte Schwärmerei von landschaftlicher Schönheit, die vor Jahrzehnten einmal vorherrschend gewesen sein mag, und die Weitschweifigkeit solcher Darstellungen, die vor mehr als hundert Jahren üblich und beliebt war, sind durch konkrete Motivationen des Landschaftsgenusses ersetzt worden.

Heute, im Zeitalter internationaler Touristik, ist die reizvolle Landschaft zu einem wirtschaftlichen Faktor von großem Gewicht geworden. Ganze Wirtschaftszweige bauen darauf auf, und es gibt nicht wenige Staaten, die ihre Staatsfinanzen nur mit Hilfe des Fremdenverkehrs im Gleichgewicht halten. Hier wird Landschaftsschönheit regulär „vermarktet".

Allgemeiner, wenn auch statistisch weniger gut erfaßbar, sind Landschaftsreize eine Quelle der Erholung. An die Stelle der ästhetischen Werte sind zum Teil medizinisch begründete Motivationen für die Erholungswerte der Landschaft getreten. Doch ist die Verwandtschaft zwischen alter und neuer Beschreibungsform, auch hinsichtlich des durchaus subjektiven Charakters möglicher Entscheidungen, nicht zu verkennen. Ein überwiegender Teil der Erholungswerte geht von sinnlichen Wahrnehmungen aus. Was das Auge bei verschiedenen Witterungs- und Beleuchtungszuständen empfängt, was an Geräuschen (Rauschen der Bäume, des Meeres) oder auch an Gerüchen und an Temperaturreizen (Wind, Wasser) auf den Menschen einwirkt, ist nicht nur in allgemein beschreibenden Worten, sondern gewissermaßen genau spezifiziert im Rekreationspotential (E. und V. Neef, 1977) und auch in der Werbung für den Fremdenverkehr wiederzufinden. Auch hier ist das Allgemeine der ästhetischen Landschaftswahrnehmung nur noch Hintergrund für die einzelnen Aussagen, die sich dem heutigen Denken anpassen. Von jeher spielte die ästhetische Würdigung von Landschaften oder Landschaftsausschnitten eine durchaus randliche Rolle für die Erkenntnis geographischer Zusammenhänge, aber sie wurde auch nicht übersehen. Alfred Hettner widmet in seinem Alterswerk (Hettner, 1927) dem ästhetischen Wert der Landschaft einen eigenen Abschnitt. Er weist auf den subjektiven Charakter solcher Darstellungen hin, bei denen die Grenze zur Kunst oft recht unscharf erscheint. Gewiß ist jedoch, daß dieses Verhältnis zur Kunst mit der Zeit einem starken gesellschaftlichen Wandel unterliegt.[4]

In dem Maße, in dem die Geographie abstrakter wird, nehmen sich andere Fachgebiete der „schönen" Landschaften an; Landschaftsgestaltung, Land-

[4] Das Verhältnis von Wissenschaft und Kunst faßt V. Weisskopf als komplementär (im Sinne von N. Bohr) auf. Beide sind auf Erkenntnis und Darstellung der realen Umwelt ausgerichtet. Daß sich in der Geographie beide komplementären Ausdrucksformen so eng berühren können, ergibt einen interessanten Hinweis auf die Grenzsituation der Geographie.

schaftsarchitektur und Landschaftspflege haben eine beachtlichen Aufschwung genommen. Für sie stehen Aussehen und Gestalt, also ästhetische Fragen, eindeutig im Vordergrund. Sie sind allgemeine Richtschnur für die Lösung der Einzelprobleme. Die Geographie entfernt sich von der Anschaulichkeit. Damit werden die Brücken des gegenseitigen Verständnisses und die Möglichkeiten der Begegnung am Problem geringer. Die Anschaulichkeit ist eine Voraussetzung für die gemeinsame Arbeit an Problemen der Landschaftsentwicklung. Der Verzicht auf die Anschaulichkeit und auf die Problematik der Kulturlandschaft ist daher ein Anlaß zur Isolierung der Geographie, solange sie zu diesen öffentlich interessierenden Fragen nichts sagen kann oder nichts sagen will.[5]

Abschließend soll zu den beiden Punkten Physiognomie und Ästhetik der Landschaft noch eine Bemerkung gemacht werden. Es fällt auf, daß in den Publikationen der letzten Jahrzehnte, die diese traditionellen geographischen Arbeitsweisen als unwissenschaftlich und überholt bezeichnen, die Belegstellen zu einem sehr großen Teil aus der älteren, mehr als fünfzig Jahre zurückliegenden Literatur entnommen sind. Es wird daher übersehen, daß die eben gekennzeichnete Konkretisierung der Fragestellungen eine wesentliche Differenzierung der Gesichtspunkte mit sich gebracht hat, daß nicht mehr das Primärphänomen, sondern seine spontanen oder Nachfolgewirkungen zur Hypothesenbildung geführt haben. Diese jüngere Hypothesenbildung war aber nur möglich, weil eine auf Anschaulichkeit beruhende Darstellung eine tragfähige Basis bildete. Heute werden die Hypothesen offensichtlich künstlich ernährt; an die Stelle der Feldstudien sind Ableitungen, vorwiegend aus statistisch verarbeiteten Unterlagen, getreten.

3.4. Die Aufspaltung der Geographie

Ein hervorstechender Zug philosophischer und methodologischer Erörterungen der letzten Jahrzehnte war die Auflösung der Einheit der Geographie. Sie machte sich institutionell auch dadurch bemerkbar, daß für die einzelnen Zweige der ehemals einheitlichen Geographie eigene Lehrstühle bzw. Institute geschaffen wurden. Durch diese Institutionalisierung ist eine Fixierung der Auffassungen eingetreten. Was das bedeutet, geht aus der Frage hervor, ob man zur Lösung eines mehrschichtigen Problems die bestehenden Institute zusammenrufen sollte oder besser diejenigen Persönlichkeiten oder Arbeitsgruppen, die unmittelbar etwas zum Problem aussagen können. Die Beantwortung der Frage ergibt sich meist aus der Tatsache, daß die finanziellen Mittel für die Forschung in der Regel an die Institute vergeben werden.

[5] Daß der heutige Weg der Geographie vom Anschaulichen zum Formalen notwendig ist, steht außer Zweifel. Ob aber die Ausschließlichkeit dieses Weges in eine Sackgasse führt, ist eine durchaus aktuelle theoretische Frage.

Für den speziellen Fall der Kulturlandschaftsforschung bedeutet das, daß bei einer solchen strengen institutionalisierten Teilung der Geographie weder die Physische Geographie noch die Politische und Ökonomische Geographie sich für die Untersuchung kulturlandschaftlicher Probleme zuständig fühlen. So bleiben sie unbearbeitet.

Wenn auch 1960 durch W. A. ANUTSCHIN diese zur Sterilität der Forschung führende Spaltung der Geographie als eine Übertreibung bzw. als ein Mißverständnis von Grundsätzen der marxistischen Philosophie zu Beginn der fünfziger Jahre charakterisiert worden ist und wenn auch seither die Forderung nach wissenschaftlicher Durchdringung der Beziehungen zwischen Gesellschaft und Natur wiederholt erhoben wurde, so blieb doch die institutionelle Selbständigkeit der Teilgeographien bestehen. Nun ist die Kulturlandschaft, mag man die Aspekte setzen, wie man will, ohne Zweifel geographische Realität. Sie müßte daher auch Gegenstand der geographischen Forschung sein. In den westlichen Ländern steht eine solche Forschung unter dem vorherrschenden Einfluß soziologischer Vorstellungen und Methoden, soweit es um gegenwärtige Strukturen geht, unter der Obhut der Geschichte, speziell der Landesgeschichte, soweit es sich um die kulturgeschichtliche Seite der Erscheinungen handelt. Sie wird als wissenschaftlich unbegründet von denen abgelehnt, die sich den Formalismen der philosophy of science verschrieben haben. Das Ergebnis ist in jedem Falle ein Erkenntnisrückstand gerade in einem Lebensbereich, der für die Sicherung der Umweltqualitäten zunehmend an Bedeutung gewinnt. Selbst die anschauliche Darlegung der Probleme leidet unter dieser Aufspaltung.[6]

3.5. Die Rolle des Systemaspekts

Die systemtheoretische Betrachtungsweise ist sicher ein beachtlicher Fortschritt, denn sie bietet ein vielfältig anwendbares Instrumentarium an analytischen Möglichkeiten, aber auch für die Synthese wichtige Gesichtspunkte, so z. B. spezielle Charakteristika für mehr oder weniger umfangreiche geographische Komplexe. Sie ist ein unentbehrliches Hilfsmittel für die Integrationsproblematik. Doch werden gerade diese Vorteile wenig ausgenutzt.[7]

[6] Daß das überlieferte System der Wissenschaften allgemein, das der geographischen Wissenschaften im besonderen, überholt ist, den heutigen Problemstellungen vielfach nicht mehr entspricht und unnütze Schwierigkeiten hervorruft, kann hier nur erwähnt werden. Es fehlt der Geographie die einigende theoretische Klammer, eine „Theoretische Geographie", vergleichbar der Allgemeinen Biologie in der ebenso stark aufgesplitterten Biologie.

[7] In dieser Unentschiedenheit zeigt sich offenbar die alte Einstellung vieler Geographen zur Systemtheorie. Sie berufen sich darauf, daß die Geographie die Systemvorstellungen mit ihrem schon lange gebräuchlichen Wort „Wirkungsgefüge" vorweggenommen habe. Das ist an sich richtig. In C. TROLLS Schriften läßt sich — ebenso bei

Im Hinblick auf die anschauliche Darstellung der Kulturlandschaft überwiegen sogar die Nachteile. Denn leider wird „System" als ein immer passendes Wort für geographische Erscheinungen aller Dimensionen verwendet. Da sich durch den hierarchischen Aufbau der Systeme auch immer ein umfassenderes Gebilde wieder als ein aus Teilsystemen aufgebautes höheres System bezeichnen läßt, gibt es keine obere Grenze für die Anwendung des Systembegriffs. So kann man rein formal auch die Kulturlandschaft als System bezeichnen (zuletzt bei H. LESER, 1980). Aber weiter als die Feststellung, daß sich dieses „Groß"-System Kulturlandschaft in Teilsysteme aufgliedern läßt, reicht die Systemcharakteristik nicht. Diese Teilsysteme sind verschiedenen Kausalitätsformen unterworfen. Da der Argumentationsapparat an die Gesetze und Gesetzmäßigkeiten der einzelnen Seinsbereiche gebunden ist, sind solche hybriden[8] Systeme nicht unmittelbar analysierbar. Der Systembegriff wird also leer und taugt nicht mehr zur Gewinnung neuer Erkenntnisse.

Es wird ferner völlig übersehen, daß sich wohl Funktionssysteme des gegenwärtigen gesellschaftlichen Daseins in der Einheit des Territoriums miteinander verbinden lassen, nicht aber in gleicher Weise das historische Element einfügbar ist. Seine Stellung in der Kulturlandschaft hat einen ganz anderen Rang. So führt die Kennzeichnung der Kulturlandschaft als System an der klaren Erkenntnis ihres historischen Charakters vorbei.

Um das verständlich zu machen, muß ein zweiter Mangel der Systemanalyse in der Geographie betrachtet werden. Geographische Systeme aller Komplexitätsgrade sind — soweit es sich nicht um unselbständige Elementarstufen handelt — integrierte Systeme, die meist einem ständigen Wandel unterworfen sind, weshalb sie auch gern — formal — als dynamische Systeme bezeichnet werden. Integration beruht immer auf Prozessen, die durch bestimmte regelmäßig wiederkehrende Impulse ausgelöst werden. Daher muß man für jedes System die tragenden Prozesse bzw. die Prozeßgruppe feststellen, deren Wirkung zur Einheit des Systems durch Integration führt. Ich habe die entscheidende Prozeßgruppe, um eine kurze Bezeichnung zu haben, „Integrator" genannt. Über abiotische, rein naturgesetzliche Bindungen kommt es zu Physiosystemen, über physiologische (biologische) Integration entstehen Ökosysteme, die die abiotischen Faktoren der Physiosysteme mit einschließen. Die Terri-

anderen Autoren — das Wort Wirkungsgefüge fast immer durch das Wort System ersetzen. Aber das „Wirkungsgefüge" blieb eine allgemeine, meist sogar sehr unverbindliche Feststellung eines inneren Systemzusammenhanges, der oft auch als Landschaftszusammenhang bezeichnet worden ist. Eine Präzisierung des Wirkungsgefüges gab es nicht, und diese unklare Haltung wurde auch beibehalten, als sich das Wort System einbürgerte.

[8] Als hybride Systeme werden solche bezeichnet, in denen Elemente aus mehreren Seinsbereichen mit verschiedenen Kausalitätsformen vereinigt sind.

torialsysteme schließlich (regional systems), die auf der Leistung gesellschaftlicher Arbeit beruhen und die belebten und unbelebten Teilsysteme mit einschließen, könnte man als Systeme mit dreifacher Integration bezeichnen. Geographische Systembetrachtungen ohne die Bezugsebene der Integratoren sind meines Erachtens ohne Erkenntniswert.

Fragt man nach dem „Integrator", der Kulturlandschaft als integrative Einheit entstehen läßt, der also verschiedenartige Elemente durch aktive Prozesse zum System Kulturlandschaft zusammenschließt, so kann die Antwort nur negativ sein! Daher kann Kulturlandschaft kein System sein und auch nicht als System beschrieben werden.

In meiner theoretischen Grundlagenarbeit (Neef, 1967) habe ich für diese hochrangigen Formen der geographischen Realität den Ausdruck „compositum geographicum" gebraucht, was besagen soll, daß infolge der Überlagerung und Kombination von Objekten und Prozessen aus allen Seinsbereichen mit verschiedenen Kausalitätsformen kein einheitlicher analytischer Weg gegeben ist. Ein solcher besteht nur für definierte Teilsysteme. Das bedeutet natürlich nicht, daß die Kulturlandschaft nicht geographische Realität wäre. Das ist sie durchaus, sie ist nur kein System oder Geosystem.

Als Schlußfolgerung ergibt sich auf jeden Fall: Wird die Geographie als Wissenschaft dadurch definiert, daß sie das bearbeitet, was als System faßbar ist, und werden danach ihre Grenzen bestimmt, dann bleiben Kulturlandschaft und Kulturlandschaftsforschung außerhalb der Geographie. Ursache für diese Selbstbeschränkung und für den Verzicht auf Forschungsbereiche, die früher eindeutig zur Geographie gerechnet und teilweise sogar als ihr Kernstück angesehen wurden, ist einzig und allein die Definitionsschranke. Damit aber ist ein Arbeitsbereich, der in ganz besonderem Maße die Anschaulichkeit gepflegt hat und ebenso zur Würdigung des Schönen neigte, verlassen worden. Die Fragestellungen, die von der Kulturlandschaftsforschung ausgingen und den geographischen Charakter hervorhoben, fehlen, und so entsteht zusätzlichRaum für spezielle Aspekte (z. B. soziologischer oder ökonomischer Herkunft) und für eine verstärkte Beschäftigung mit quantitativen Methoden, die wiederum ganz wesentlich das Handwerkliche und Instrumentelle in den Vordergrund rücken. Daher ist noch ein Blick auf die Mathematisierung der Forschung erforderlich.

3.6. Der Einfluß der mathematischen Methoden auf den Verlust der Anschaulichkeit

Mit Maß und Zahl zu arbeiten, ist schon seit Jahrhunderten ein Anliegen der Geographie. Der Aufbruch zu neuen Erkundungsweisen der Natur war in ganz erheblichem Maße mit der Möglichkeit verbunden, Messungen von Naturgrößen durchzuführen. Schon vor Alexander von Humboldt haben Saussure und andere barometrische Höhenmessungen durchgeführt. Die Entwicklung der Landesvermessung stellte alsbald für große Teile der Erde genaue Darstellungen des Reliefs zur Verfügung. Die meteorologischen Dienste und andere geophysikalische Zentren sorgten für entsprechende Daten. Wie weit diese für die Geographie ausreichten, ist allerdings immer eine offene Frage geblieben. Verdichtungen der Meßnetze und ein Ausbau der Meßprogramme blieben (vergleichbar der Statistik) in der Regel Wunschvorstellungen, da der finanzielle und personelle Aufwand zu groß war.

Daraus ergab sich für die Geographie, unterstützt durch die traditionellen Arbeitsweisen, eine Darstellungsform, die auf die anschauliche Beschreibung der geographischen Erscheinungen einer Region gerichtet war und durch einzelne Meßdaten oder deren Auswertungen gestützt wurde. Die Allgemeinverständlichkeit war in der Regel gewährleistet. Welche Genauigkeit von den Zahlendaten gefordert wurde, hing zunächst von der Zielstellung der geographischen Untersuchung ab. Eine durchgehende mathematische Auswertung war für einzelne meteorologische Elemente möglich. Dort, unter geophysikalischem Aspekt, wurde eine hohe Genauigkeit angestrebt, und dementsprechend wurden auch die Bearbeitungsmethoden ausgefeilt. Die Frage, ob in komplizierten geographischen Vielstoffsystemen eine solche Genauigkeit überhaupt aussagekräftig und notwendig ist, wurde kaum gestellt. Da das Hauptinteresse auf die Beziehungen zwischen den Geoelementen gerichtet war und die regelhaft wiederkehrenden Formen ihrer Verknüpfung im Vordergrund standen, spielte die mathematische Behandlung ohnedies nur eine Nebenrolle. Das wurde erst anders, als sich die Datenmengen immer mehr steigerten und die Mathematik neue Verfahren der Analyse zur Verfügung stellte. Die Quantifizierung zog in die Geographie ein. Neue Werkzeuge wurden wirksam. Aber eben Werkzeuge, mit denen bereits bekannte und neu zu gewinnende Daten bearbeitet werden konnten. Vieles, was früher ohne Rechentechnik nicht zu bewältigen war, konnte nunmehr in die Forschungsprogramme eingehen; doch vieles, was wünschenswert war, überstieg die gegebenen Möglichkeiten. Das heißt aber, daß die Leistungsfähigkeit des neuen Instrumentariums vorwiegend mathematischer und technischer Art Grenzen für neue Erkenntnisse setzte. Die Mathematik ist zur Zeit auch nicht in der Lage, Vielstoffsysteme (und dazu gehören sehr viele geographische, insbesondere auch die kulturlandschaftlichen) zu bewältigen.[9] Daher bleiben die hochintegrierten geographischen Komplexe zunächst für die mathematische Behandlung unzugänglich. Da für die Synthese noch keine allgemein anerkannten Regeln erarbeitet vorlagen und die überlieferten beschreibenden Methoden von vielen, vor allem jüngeren

[9] Nach einem Vortrag von Professor PIETZSCH, Jena, vor der Leopoldina Februar 1978 in Halle.

Geographen abgelehnt wurden, entstand eine Forschungslücke. Die Kulturlandschaftsforschung blieb auf der Strecke bzw. wurde auf Teilprobleme reduziert. Damit aber wurden vor allem bereits bekannte Zusammenhänge beziehungswissenschaftlicher Art mit einer neuen Methode behandelt; der Erkenntnisgewinn blieb minimal.

Die errechneten Ergebnisse der neuen Arbeitsverfahren bereiten bei der Interpretation manchmal erhebliche Schwierigkeiten. Es wollte nicht gelingen, die Ergebnisse in verbaler Form zum Ausdruck zu bringen: Oftmals bezeugte die Rückübersetzung in die allgemein verständliche Umgangssprache, daß das mathematisch gewonnene Ergebnis bereits bekannt war. Die anschauliche Darstellung der Ergebnisse mathematischer Verfahren ist also zur Kontrolle des Erkenntniszuwachses unbedingt erforderlich. Denn die mathematischen Verfahren liefern zunächst ein mathematisches Ergebnis. Ob das auch ein geographisch relevantes ist, muß erst noch festgestellt werden.

Das sei am Beispiel der multuvariaten *Faktorenanalyse* gezeigt.

Dieses viel angewandte Verfahren führt eine größere Anzahl von Eigenschaften (Merkmalen, Variablen) aufgrund der Korrelationen auf eine geringe Anzahl von „Faktoren“ zurück, die zu einem meist sehr hohen Prozentsatz den gegebenen Sachverhalt erklären. Die Faktoren sind jedoch keine Merkmale oder Eigenschaften, sondern errechnete Größen, die als komplex bezeichnet werden, weil sie sich aufgrund der errechneten Korrelationen aus mehreren Merkmalen zusammensetzen (Ladungen). Dazu ist festzustellen, daß diese „komplexen“ Faktoren nicht mit der Komplexität geographischer Systeme identisch sind. Es ist also auch keine Komplexanalyse, wie sie u. a. E. Neef (1965) gefordert hat. Die Faktoren selber sind nicht identisch mit den Faktoren des geographischen Wirkungsgefüges. Sie lassen sich, da sie nicht gegenständliche Eigenschaften, sondern Rechenergebnisse sind, auch nicht anschaulich beschreiben, sondern nur durch die Angabe erläutern, welche Merkmale als Variable zu ihrer Ladung beitragen. Die anschaulichen geographischen Eigenschaften werden durch eine geringere Anzahl neuer Faktoren ersetzt. Es erfolgt also ein Umbau der geographischen Struktur, was den Vorteil hat, im weiteren Rechengang mit weniger Größen auszukommen. Ob die Kombination der Variablen, die in einem solchen Faktor vereinigt sind, einem landschaftsdynamischen Prozeß zuzuordnen ist, wird in der Regel nicht erörtert. Das gehört nicht zur mathematischen Aufgabe. Unbehagen muß sich auch einstellen, wenn man aus alter Erfahrung weiß, daß die *Korrelationen* in integrierten Komplexen ihre Tücken haben. So weisen zwei Merkmale, die miteinander nichts zu tun haben, aber in gleicher oder ähnlicher Weise von einem dritten abhängen, auch untereinander eine hohe Korrelation auf. Eine weitere Eigenart komplizierter Landschaftseinheiten ist die Austauschbarkeit von Geofaktoren, die zu eigenartigen *Konvergenzen* führen. Bei der mathematischen Berechnung von Zusammenhängen in Vielstoffsystemen scheint also nicht nur die Anschaulichkeit, sondern auch die Zuverlässigkeit reduziert.

Einige Belege sollen diese Behauptung unterbauen.

H. Blume hat in seiner Länderkunde der USA die Gliederung des Landes in „multivariate kulturgeographische Regionen“ mit Hilfe der Rechentechnik auf 13 Merkmalsgruppen mit insgesamt 90 Binärvariablen aufgebaut. Die 14 Regionen, von denen nur 11 in geschlossenem Gebietszusammenhang stehen, hätten sich ohne die riesige Rechenarbeit aus der langjährigen reichen geographischen Literatur überzeugend ableiten lassen. Um EDV anwenden zu können, werden die Variablen in einem Quadratgitter, Seitenlänge 50 Meilen, erfaßt. Durch unglückliche Lage des Rasters kann eine wichtige geographische Einheit so in Quadrate aufgelöst werden, daß keines der Rastergevierte die notwendigen Schwellenwerte erreicht. So wäre z. B. die Großstadt Miami in Florida ein Opfer der Methode geworden, wenn der Verfasser sie nicht aus eigener Anschauung und Beobachtung hätte berücksichtigen können. Daß die sogenannten Rentnerstädte, die sich in jüngster Zeit in Florida entwickelt haben, heute ein ganz charakteristisches Element dieser Region darstellen, zeigt jeder Blick in das Land oder in die Statistik. Die mathematische Methode bestätigt mit Hilfe der Faktorenanalyse dieses Merkmal als eindeutig mit einer Ladung von 0,92. Niemand hat daran gezweifelt, die Bestätigung war überflüssig, und niemand kann sich eine Vorstellung machen, wie diese Region aussähe, wenn die Rechnung nur eine Ladung von 0,82 oder 0,72 ergeben hätte. Wie die Kenntnis des Landes es gestattet, aus zielgerichteter Beobachtung den Fall der Großstadt Miami zu korrigieren, so ist das gut lesbare Buch in allen wesentlichen Teilen aus der Anschauung geschrieben, die direkt gewonnen und indirekt durch Literatur, Statistik, Luftbildmaterial u. ä. ergänzt worden ist. Die eingeflochtenen Rechenergebnisse quantitativer Bemühungen stehen wie Fremdkörper inmitten der sonst anschaulichen Darstellung, ein Beweis dafür, daß die modernen Analysetechniken in erster Linie nur dem Ausbau und in manchen Fällen auch der Absicherung der gewonnenen Erfahrungen dienen. Sie sind der synthetischen Darstellung des Landes untergeordnet. Dieses Beispiel unter vielen möglichen zeigt abermals nur, daß das gestörte Verhältnis von Analyse und Synthese zu einem zentralen Problem der Wissenschaftstheorie geworden ist.

Wie gegensätzlich im Sinne der Komplementarität analytische und synthetische Verfahren sind, zeigt sich darin, daß die Teilkomplexe, die als Ergebnis der landschaftsökologischen Erkundung erarbeitet worden sind und auch als wesentlicher Fortschritt angesehen werden, durch die Faktorenanalyse wieder der Auflösung verfallen. H. Neumeister (1978), der offen von einem Umbau der geographischen Struktur durch die Ergebnisse der Faktorenanalyse spricht, kann anschauliche Begriffe wie Gebirgsverwitterungsböden oder Gefilderegion nicht in die Faktorenanalys einbringen. Sie müssen erst in ihre Elemente zerlegt werden. Der errechnete Hauptfaktor (Faktor 1), den er als „komplexen vertikalen landschaftlichen Faktor“ bezeichnet, stellt sich dann als komplexe Größe aus Klima der Vorzeit (Bildungsbedingung für Verwitterung und Reliefbildung), Grobsand und Feinsand (Verwitterungsprodukte des Granits), Hangneigung (Gebirgsrelief), und Niederschlagsmengen über das Jahr und den Sommer, dar, die wohl für Wasserreichtum und Auslaugung der Böden stehen sollen. So klare Aussagen wie Luvlage des westlichen Erzgebirges bleiben ungenannt. Im Flachland Nordwestsachsens ist das Charakteristikum Löß nicht rechenbar und muß in die Variblen Grobschluff und Feinschluff aufgelöst werden, während die Fruchtbarkeit der Böden durch V-Wert und p_H-Wert angedeutet wird. Allenthalben findet sich eine Reduzierung der Synthese-Ebene, z. T. bis zu den primitivsten, aber verfügbaren Elementen des geographischen Zusammenhangs in Partialkomplexen.

Das Versagen quantitativer Methoden in der gezeigten Form lehrt, daß diese Methoden an falscher Stelle angesetzt worden sind. Das aber konnte wiederum nur geschehen, weil der komplementäre Charakter der analytischen und der synthetischen Problemstellungen nicht berücksichtigt werden konnte.

3.7. Nichtgeographische Aspekte der Kulturlandschaft

Die geographische Realität ist ein historisches Ergebnis, am deutlichsten wohl in der Kulturlandschaft sichtbar. Daher wird in der historischen Landeskunde bzw. der historischen Landschaftskunde der Begriff der Kulturlandschaft, in der sich natürliche und kulturelle Elemente in einem historischen Prozeß miteinander verbunden haben, als unentbehrlich angesehen. Kulturlandschaft ist dort ein *historisch-geographischer* Begriff. Seine Einheit beruht auf historischen Prozessen. Der geschichtliche Ablauf steht vor dem aktuellen funktionellen Gefüge.

Kulturlandschaft ist aber ebenso vom Menschen *gestaltete Landschaft* und unterliegt auch in der Gegenwart ständigen Umbildungsprozessen. Die Prinzipien, die der Gestaltung zugrunde liegen, sind verschiedener Art und haben im Laufe der Geschichte gewechselt. Kultur im ursprünglichen Sinne ist Sicherung der Lebensbedürfnisse durch geeignete Werkzeuge und Arbeitsformen. Von primitiven Anfängen an entwickeln sich über eine immer stärker ausgebaute Arbeitsteilung die für das gesellschaftliche Leben erforderlichen Funktionen und die dafür benötigten materiellen Einrichtungen, die in der Landschaft vor allem in den Bauwerken und den Nutzungsformen des Landes sichtbar werden. Neben dieser Zweckbestimmung spielen auch immaterielle Anliegen eine Rolle, vor allem das Bedürfnis nach Schönheit. Die ästhetisch befriedigende Gestaltung der vom menschlichen Leben erfüllten geographischen Räume ist daher einer der nicht zu vernachlässigenden Aspekte der Kulturlandschaftsproblematik.

Der Begriff Kulturlandschaft umreißt die Einheit von naturgegebener Materie, funktionalem Ausbau und ästhetischer Gestaltung.

In diesem Sinne bleibt der Begriff der Kulturlandschaft lebendig. Er ist eine Grundorientierung für die Arbeit der Städtebauer, Landschaftsplaner, Architekten und Landschaftsarchitekten, nicht zuletzt auch für die Denkmalpflege. Mehr und mehr wird er soziologisch interessant. Unlängst hat E. Wirth die

Kulturlandschaft als persistente Rahmenbedingung für menschliches Handeln bezeichnet.

Alle diese Aspekte und die entsprechenden Begriffsinhalte gelten jedoch nur einer geographischen Wirklichkeit, die sich damit als Gegenstand interdisziplinärer Zusammenarbeit dokumentiert. Kulturlandschaften bilden nicht Systeme, sondern übergeordnete geographische Einheiten, die wir als „Ensemble" bezeichnen.

4. Die Anschaulichkeit in der Synthese

4.1. Besonderheiten des geographischen „Ensembles"

Die sogenannten Groß- oder Supersysteme zeigen einige Besonderheiten, die dem Systemcharakter widersprechen. Um nicht der allgemeinen Verwässerung der Systembetrachtungen durch die Feststellung, daß alle geographischen Einheiten als Systeme aufgefaßt werden könnten, zu folgen, wird vorgeschlagen, dafür einen eigenen Begriff zu verwenden, das „Ensemble". Das Wort ist aus der Musik und Schauspielkunst hinreichend bekannt und in allen Sprachen in geeigneter Form zur Verfügung. Vergleiche mit dem Ensemble von Künstlern an einer Opernbühne mögen ganz interessante Parallelen ergeben, können aber hier nicht erörtert werden. Vielmehr sollen einige wesentliche Unterschiede zum Systembegriff klargelegt werden.

1. Ein *System* ist definiert durch eine Menge von Elementen, die durch eine Menge von Relationen miteinander verbunden sind: $S = \mathscr{M}E \cdot \mathscr{M}R$. Ein Ensemble enthält darüber hinaus noch Elemente, die nicht durch Relationen in das System eingebunden sind. Man könnte sie als *unabhängige, akzessorische* oder *exemte* Glieder des Ensembles bezeichnen.

2. Wenn ein System Elemente enthält, die nicht durch die systemeigenen Relationen eingebunden sind, so gibt es zwei sich verschieden verhaltende Klassen von Elementen, die in das Wirkungsgefüge eingebundenen und in bestimmbaren Kausalverflechtungen fixierten Elemente, die man als *synergetisch* bezeichnet, und freie, unabhängige Elemente, die als *synchor* zu bezeichnen wären (NEEF, 1967).

3. Es ist auffällig, daß einzelne Elemente zeitweise synchoren Charakter haben, zeitweise aber in synergetische Beziehungen eintreten können, an Jahreszeiten oder auch zeitlich nicht festlegbare, zufällige Ereignisse gebunden.

4. In entsprechender Weise zeigen sich zeitweilig einzelne Relationen, gestaltende Kräfte, die für das Ensemble prägenden Charakter haben können. Neben den im jahreszeitlichen Rhythmus auftretenden geographischen Erscheinungen spielen die vereinzelt auch aperiodisch geschehenden Ereignisse

eine Rolle. In ihnen verkörpert sich das historische Prinzip, das in der Landschaft, speziell in der Kulturlandschaft, wirksam ist.

5. Funktionale Beziehungen gelten nur für die Teile oder Teilsysteme, die streng durch Relationen bestimmt werden. Für alle Beziehungen gemeinsam aber gilt: Die Relationen in einem Ensemble sind auf die räumliche Ordnung, auf Lage und Lagebeziehungen reduziert. Sind für Teilsysteme die funktionellen Bindungen entscheidend, die zugleich den Systemcharakter im engeren Sinne bewirken, so sind für kulturlandschaftliche Ensembles diese räumlichen Beziehungen vorherrschend; sie lassen räumliche Gruppen und Gruppierungen entstehen, die sich z. B. im Charakter der Stadtteile oder in der Wald-Offenland-Verteilung abbilden und in sehr unterschiedlicher Weise mit den Funktionalsystemen gegenwärtig oder historisch verbunden sind. Der meist komplizierte Vorgang der Gestaltung der Kulturlandschaft durch historische Prozesse bildet sich in ihrem äußeren Erscheinungsbild am unmittelbarsten ab.

6. Ein wesentlicher Unterschied zu strengen Systemen besteht in der *Austauschbarkeit* von Faktoren. Das gibt häufig zu *Konvergenzen* Anlaß. Ein berühmtes Beispiel ist durch die klimatische und edaphische Trockenheit belegt, die um 1903 zur Kontroverse zwischen A. Hettner und E. Obst über die Gründe der eigenartigen Verwitterungsformen in der Sächsischen Schweiz Anlaß gab. Auch wird der Funktionswandel dadurch erleichtert, daß sich bei eintretenden Veränderungen mehrere Möglichkeiten sinnvoller Weiternutzung von persistenter Landschaftssubstanz anbieten. Diese Eigenschaft wird besonders aktuell für die Landschaftsplanung, da schon frühzeitig die Nachfolgelandschaft (bedeutsamstes Beispiel ein Braunkohlentagebau) vorbereitet werden kann.

Auch in den Methoden der Beschreibung spielt die Anschaulichkeit eine große Rolle. So kann eine Distanz auf reine Entfernung in Metern, durch den notwendigen Zeitaufwand, Geldaufwand, Kraftstoffaufwand zur Überwindung der Strecke angegeben werden, wodurch sich zugleich für den jeweiligen Aspekt eine zweckmäßige Aussageform wählen läßt.

7. Die Rolle des Historischen ist von ganz besonderer Bedeutung. Es wirkt durch das Beharrungsvermögen von Schöpfungen einer bestimmten Epoche, die den damaligen gesellschaftlichen Bedingungen entsprachen, aus diesen hervorgegangen sind, aber nach deren Ende zu einem großen Teil weiterbestehen bleiben, obwohl die ursprünglich tragende Funktion erloschen oder durch andere ersetzt worden ist. Die meisten historischen Bauwerke, von denen heute viele unter Denkmalschutz stehen, sind im feudalen Lebensbereich entstanden; heute bergen sie Museen, Sonderschulen, Behörden oder auch Wohnungen. Ohne die „Persistenz" dieser historischen Formen wäre weder die heutige Gestalt, noch der Werdegang des Ensembles verständlich. Wie sich

dieses persistente Erbe (in Siedlung und Flur) mit den heutigen aktuellen gesellschaftlichen Anforderungen zu einer lebenerfüllten Raumeinheit verbindet, ist Gegenstand von Überlegungen, die von einem einzelnen Fachgebiet her nicht entwickelt werden können. Sie wurzeln nicht in definierten Systemen, sondern haben übergreifenden Charakter. Sie sind Merkmal des „Ensembles", und das belegt, das das Studium solcher Ensembles eine unverzichtbare Notwendigkeit ist.

8. „Ensembles" sind in erster Linie als Gestaltkomplexe faßbar. Die wissenschaftliche Beschreibung ist mit verschiedenen Methoden möglich. Doch eine Analyse und insbesondere eine immer weiter ins Spezielle eindringende Analyse zerstört das Ensemble. Um es zu beschreiben, muß die Frage beantwortet werden, was denn eigentlich für ein bestimmtes Ensemble „charakteristisch" ist. Man sollte daher die beschreibende Form, gleich welche Mittel sie anwendet, als „*Charakteristik*" und nicht als Analyse bezeichnen. Für diese „Charakteristiken" müssen methodische Richtlinien erarbeitet werden, worüber in dem hier gegebenen Zusammenhang nicht gesprochen werden kann. Auf jeden Fall aber lassen sich innerhalb des Ensembles als Gestaltkomplex mannigfache funktionelle Zusammenhänge erkennen, die sich zu Systemen ordnen (Funktionssysteme) oder in räumliche Teileinheiten (vielleicht als „Quartiere" zu bezeichnen?) untergliedern lassen. Das Ensemble schließt also mehrere Untergliederungen ein, die jedoch meist einen hohen Rang im System der Funktionen haben, z. B. Funktionskreise, die den gesellschaftlichen Grundfunktionen zugeordnet sind. Darauf beruht die Tatsache, daß Ensemble sehr unterschiedliche Aspekte der wissenschaftlichen Erforschung nicht nur möglich, sondern notwendig machen.

9. Die forschungsbedingte Auflösung des kulturgeographischen Ensembles, genannt Kulturlandschaft, in einzelne Teile, die von einzelnen Fach- und Geowissenschaften systemorientiert untersucht werden, könnte darauf hindeuten, daß die Kulturlandschaftsforschung damit in neue Formen überführt und in der alten Form nicht weiter aktuell sei. Aber diese häufig zu hörende Meinung ist falsch! Sie beruht zu wesentlichen Teilen auf dem oben beschriebenen Zusammenbruch der Einheit von Analyse und Synthese. Denn die fortschreitende Arbeitsteilung und die damit verbundene Spezialisierung hebt das wissenschaftliche Grundanliegen nicht auf. Im Gegenteil sollen dadurch bessere Argumente und tiefere Einsichten in den Problemzusammenhang gewonnen werden, was besonders bei den komplizierten „Groß- oder Supersystemen" erhebliche Schwierigkeiten bereitet. Gerade diese Synthesemängel, die wir heute in der Theorie festzustellen haben, zwingen dazu, die Erforschung der Ensembles und ihrer Besonderheiten mit einem gewissen Vorrang zu betreiben.

4.2. Mängel des Begriffsapparates

Eine Folge der Vorherrschaft analytischen Denkens zeigt sich darin, daß der in den einzelnen Wissenschaften entwickelte Begriffsapparat vorwiegend analytischen Charakter hat, so daß für die Charakteristik von Ensembles geeignete Begriffe fehlen.

Es ist eine alte Erfahrung, daß es sehr schwierig ist, für komplexe Sachverhalte eine passende Terminologie aufzubauen. Gegenüber der Schärfe der Begriffsbestimmung im analytischen Bereich erweist sich hier die Weite der Begriffsinhalte als äußerst unangenehm. Anstelle einer Begriffsdefinition, die dem Inhalt und seiner Abgrenzung eindeutig entspricht, ist bei Ensembles im allgemeinen nur eine pauschale Kennzeichnung möglich, da die Teilkomplexe sich meist nicht scharf abgrenzen lassen und damit die Eindeutigkeit der analytischen Aussage fehlt.

Die Umgangssprache hat, da notwendig, eine große Anzahl von Bezeichnungen für geographische Erscheinungen in Gebrauch. Diese betreffen vielfach Typen komplexen Charakters, die für eine synthetische Begriffssprache geeignet sind. Dazu gehören Wörter wie Landschaft, Gebirge, Börde, Löß, Verwitterung, Gelände u. v. a. mehr.

Die Frage bei Ensembles heißt nicht „was ist?“, sondern „was ist charakteristisch?“. Die Weite und Unbestimmtheit ist unmittelbar mit dem Gegenstand und seiner Kompliziertheit selbst gegeben. Es ist daher kein Grund vorhanden, diese „Ungenauigkeit“ oder Unschärfe als wissenschaftlichen Mangel zu bezeichnen. Der Mangel besteht vielmehr darin, daß eine der Synthetik angepaßte Terminologie noch kaum ausgearbeitet ist. Denn diese für Vielstoffsysteme heterogenen Charakters charakteristische Unschärfe zu bewältigen, heißt nichts anderes, als die Grundzüge einer Syntheseterminologie zu entwickeln. Einige für die Ensembles kennzeichnende Eigenschaften sind bereits benannt worden. Eine kurze Gegenüberstellung einiger Begriffe für die Untersuchung von Systemen und Ensembles, die gleichlautende Bezeichnungen mit verschiedener Bedeutung vermeiden sollen, sei angefügt:

Systeme	*Ensembles*
Analytik	Synthetik
Analyse	Charakteristik
Elemente	Komplexe (Teilkomplexe)
synergetisch	synchor
Aktuelles	Historisches
Teilsysteme	Teilaspekte.

Die Charakteristik von geographischen Ensembles muß die Landschaftsgenese und die landeskulturelle Überprägung beachten. Für die aktuellen Funktionssysteme ist das nicht ohne weiteres erforderlich. Wohl aber müssen die Teilaspekte eines Ensembles, die in der Systemanalyse selbständige Forschungsgegenstände werden, in der Charakteristik eines Ensembles umrissen werden: der ökologische, der gestalterische, der ästhetische, der historische, der geographische und andere Aspekte.

4.3. Die Anschaulichkeit als spezielles Erfordernis

Die besondere Schwierigkeit der Ensembleforschung liegt in der schwer überschaubaren Fülle von umfassenden Erscheinungen, die wegen ihres Allgemeinheitsgrades durch eine sprachlich einwandfreie Kennzeichnung bewältigt werden müssen. Gerade weil in dieser Größenordnung scharfe Definitionen nicht möglich sind, müssen die sprachlichen Ausdrucksformen entsprechende Hilfe leisten. Das aber ist durch die *Anschaulichkeit* der in der Charakteristik verwendeten Begriffe gewährleistet. Sie kompensiert gewissermaßen die Unmöglichkeit, durch enge Begriffe der Mannigfaltigkeit der Realität gerecht zu werden. Die üblichen Fachausdrücke, auf zu umfassende und komplexe Forschungsgegenstände angewendet, sind gefährlich. Sie sind glatt und undurchsichtig. Sie verdecken Unklarheiten, überspielen Ungenauigkeiten des Denkens und verschleiern das anstehende Problem mehr, als daß sie es aufhellen. Eine exakte verbale Form der Aussage, die Anschaulichkeit einschließt, ist eine hervorragende Kontrolle des eigenen Denkens und der eingesetztenMethoden. Darum muß die Forderung erhoben werden, daß jedes Ergebnis, auch das aus Berechnung hervorgehende, in die verbale Aussageform überführt wird. Gelingt das nicht, dann ist das Ergebnis entweder der Problemstellung nicht angemessen, oder es geht an der eigentlichen Fragestellung vorbei, oder es bringt nur Teillösungen, oftmals sogar leere, keinerlei Erkenntnisfortschritt enthaltende Aussagen.

Die Orientierung an den zentralen Lebensproblemen bietet eine wichtige Stütze. Denn die großen Ensembles sind fast ohne Ausnahme unmittelbar mit den großen, wissenschaftlich attraktiven gesellschaftlichen Problemen verbunden, etwa: Umweltprobleme verschiedenen Charakters, Landeskulturfragen, Denkmalpflegeaufgaben zur Wahrung den historischen kulturellen Erbes, medizinische Fragen der allgemeinen Gesundheitspflege und vieles andere mehr. Da sich an diesen Problemen das allgemeine Interesse und die wissenschaftliche Aussage begegnen, muß auch die wissenschaftliche Aussage einen allgemeinverständlichen Charakter haben; und da innerhalb der Wissenschaft die Weitergabe von Teilerkenntnissen, die in die zentralen Probleme einmünden sollen, möglichst reibungslos und ohne einzuschaltende Interpretationsstufen vor sich gehen sollte, ist in allen Stufen der Forschung die Anschaulichkeit nützlich und dem Auftrag der Wissenschaft entsprechend notwendig.

Große Lebensprobleme waren bisher kaum Inhalt der strengeren wissenschaftlichen Forschung. Erst die Umweltproblematik der letzten Jahrzehnte hat mit aller Deutlichkeit gezeigt, daß zur Lösung dieser entscheidenden gesellschaftlichen Probleme bisher nur unzureichende wissenschaftliche Vorarbeit geleistet worden ist und daß herrschende Strömungen in der wissenschaftlichen Entwicklung gerade diesen zukunftswichtigen Arbeitsgebieten zu wenig Aufmerksamkeit geschenkt haben. Mit der Begegnung am Problem wird die Verständigungsmöglichkeit von zentraler Bedeutung. Diese aber setzt Anschaulichkeit voraus. Der Verlust an Anschaulichkeit ist daher eine Erscheinung, die unbedingt der Kompensation bedarf und der Förderung übergreifender Arbeitsgebiete, die der Wiedergewinnung der Einheit von Analyse und Synthese ihre ungeteilte Aufmerksamkeit widmen.

LITERATUR

HARD, G.: Die Geographie. Eine wissenschaftstheoretische Einführung. Sammlung Göschen 9001, Berlin 1973.

JORDAN, H.: Die Stellung der Kurorttherapie im Mensch-Umwelt-Konzept. Z. f. Physiotherapie 1979. Mit weiterer Literatur.

KELLER, O.-H.: Anschaulichkeit und Eleganz beim Alexanderschen Dualitätssatz. Sitzungsber. Sächs. Ak. Wiss. Math.-Nat. Klasse, 114/3, Berlin 1980.

KUGLER, H., und R. JÄNCKEL: Zur geographischen Interpretation der Multispektralaufnahme „Süßer See". Geogr. Ber. **87** (1978) 99–111.

HETTNER, A.: Die Geographie — Ihre Geschichte, ihr Wesen und ihre Methoden. Breslau 1927.

LESER, H.: Geographie. Das Geographische Seminar. Braunschweig 1980.

NEEF, E.: Landesplanung und geographische Forschung. Ber. z. Dt. Landeskunde **7** (1950) 310–332.

NEEF, E.: Elementaranalyse und Komplexanalyse in der Geographie. Mitt. Österr. Geogr. Ges. **107** (1965).

NEEF, E.: Die theoretischen Grundlagen der Landschaftslehre. Gotha 1967.

NEEF, E.: Zur Problemgeschichte der Kulturlandschaft. In: Festschrift für Walter Rossow. Manuskriptdruck Stuttgart 1980, S. 42–46.

NEEF, E. und V.: Sozialistische Landeskultur. Brockhaus-Handbuch, 1977, Stichwort Rekreationspotential, S. 548.

NEEF, E., u. a.: Analyse und Prognose von Nebenwirkungen gesellschaftlicher Aktivitäten im Naturraum. Abh. Sächs. Ak. Wiss. Math.-Nat. Klasse, Bd. 54/Heft 1, Berlin 1979.

NEUMEISTER, H.: Raumtypisierung und Faktorenanalyse. Wiss. Abh. Geogr. Ges. DDR **9** (1972) 243–256.

PENCK, A.: Beobachtung als Grundlage der Geographie. 1906.

RICHTER, H., und H. KUGLER: Landeskultur und landeskultureller Zustand des Territoriums. Abh. Geogr. Ges. DDR **9** (1972) 35–46.

SCHMITHÜSEN, J.: Geschichte der geographischen Wissenschaft von den Anfängen bis zum Ende des 18. Jahrhunderts. Mannheim 1970.

WEISSKOPF, V. F.: Kunst und Wissenschaft. In: Raum und Zeit. Festgabe zur Jahresversammlung 1979/80. Acta Historica Leopoldina **14** (1980) 53–74.

WIRTH, E.: Theoretische Geographie. Grundzüge einer theoretischen Kulturgeographie. Stuttgart 1979.

WOLFGANG BLEI

Erkenntniswege zur Erd- und Lebensgeschichte

Ein Abriß

(Wissenschaftliche Taschenbücher, Reihe Texte und Studien)

1981. 433 Seiten — kl. 8° — Pappband 25,— M
Best.-Nr. 7624099 (7219)

Für die Herausbildung der geologischen Wissenschaften, aber auch einiger Nachbarwissenschaften, werden wichtige Erkenntnisse, im Altertum beginnend, auf ihrem Weg durch die Jahrhunderte, besonders in der Zeit vom 14. Jahrhundert bis zur Mitte des 19. Jahrhunderts, z. T. aber auch bis in die Gegenwart, verfolgt.
Der Autor geht auf gesellschaftliche Verhältnisse, philosophische Fragen und das Wirken beteiligter Personen in dem Maße ein, wie es zur Verdeutlichung von Zusammenhängen und so zum Erkennen von Triebkräften und Hemmnissen notwendig ist. Wichtiger Bestandteil sind zahlreiche Zitate. Zur näheren Erläuterung einzelner Probleme enthält der Band Anmerkungen. Spezialkenntnisse sind zum Verständnis nicht erforderlich.

Bestellungen durch eine Buchhandlung erbeten

AKADEMIE-VERLAG
DDR-1080 Berlin, Leipziger Str. 3—4

Heft 4 Prof. Dr.-Ing. Dr. h. c. KURT SCHWABE, Analytische Probleme des Umweltschutzes
1975. 28 Seiten – 9 Abbildungen – 2 Tabellen – 8° – M 3,50

Heft 5 Prof. Dr. WOLFGANG BUCHHEIM, Die kopernikanische Wende und die Gravitation
1975. 36 Seiten – 2 Farbtafeln – 8° – M 5,–

Heft 6 Prof. Dr. HERMANN BERG, Photopolarographie und Photodynamic
1975. 19 Seiten – 2 Abbildungen – 2 Tabellen – 8° – M 3,–

Heft 7 Prof. Dr. MANFRED GERSCH, Probleme der Insektizide aus heutiger Sicht
1976. 36 Seiten – 9 Abbildungen – 2 Tabellen – 8° – M 4,–

Band 112

Heft 1 Prof. Dr. WALTER BREDNOW, Spiegel, Doppelspiegel und Spiegelungen – eine „wunderliche Symbolik“ Goethes
1975. 28 Seiten – 4 Abbildungen – 8° – M 3,–

Heft 2 Prof. Dr. ARTUR LÖSCHE, Über negative absolute Temperaturen. Eine Einführung
1976. 26 Seiten – 12 Abbildungen – 8° – M 4,–

Heft 3 Prof. Dr. med. HERBERT JORDAN, Kurorttherapie: Prinzip und Probleme
1976. 31 Seiten – 10 Abbildungen – 1 Tabelle – 8° – M 4,50

Heft 4 Prof. Dr. FRIEDRICH Wolf/Dr. PETER FRÖHLICH, Zur Druckabhängigkeit von Ionenaustauschreaktionen
1977. 13 Seiten – 6 Abbildungen – 1 Tabelle – 8° – M 2,–

Heft 5 Prof. Dr. DIETRICH UHLMANN, Möglichkeiten und Grenzen einer Regenerierung geschädigter Ökosysteme
1977. 50 Seiten – 20 Abbildungen – 2 Tabellen – 8° – M 6,50

Heft 6 Prof. Dr. ERICH RAMMLER, Zwei Jahrzehnte Entwicklung des Einsatzes der Energieträger Kohle und Erdöl im Weltmaßstab
1977. 29 Seiten – 6 Abbildungen – 4 Tabellen – 8° – M 4,–

Heft 7 Prof. Dr. ULRICH FREIMUTH, Umweltprobleme in der Ernährung
1977. 32 Seiten – 3 Abbildungen – 4 Tabellen – 8° – M 4,–

Band 113

Heft 1 Prof. Dr. ERICH LANGE, Allgemeingültige Veranschaulichung des II. Hauptsatzes
1978. 22 Seiten – 10 graph. Darst. – 8° – M 4,–

Heft 2 Prof. Dr. HERBERT BECKERT, Bemerkungen zur Theorie der Stabilität
1977. 19 Seiten – 8° – M 2,50

Heft 3 Prof. Dr. sc. KLAUS DÖRTER, Probleme und Erfahrungen bei der Entwicklung einer intensiven landwirtschaftlichen Produktion im Landschaftsschutzgebiet des Harzes
1978. 20 Seiten – 6 Abbildungen, davon 4 farbige auf 2 Tafeln – 2 Tabellen – 8° – M 7,–

Heft 4 Prof. Dr. sc. med. HANS DRISCHEL, Elektromagnetische Felder und Lebewesen
1978. 31 Seiten – 14 Abbildungen – 2 Tabellen – 8° – M 5,–

Heft 5 Prof. Dr. MANFRED GERSCH, Wachstum und Wachstumsregulatoren des Krebse. Biologische Erkenntnisse und generelle Erwägungen.
1979. 32 Seiten – 13 Abbildungen – 1 Tabelle – 8° – M 6,–

Heft 6 Prof. Dr. rer. nat. FRIEDRICH WOLF / Dr. rer. nat. URSULA KOCH, Über den Einfluß der chemischen Struktur von Dispersionsfarbstoffen auf deren Dispersionsstabilität
1979. 18 Seiten – 3 Abbildungen – 10 Tabellen – 8° – M 3,50

Heft 7 Prof. Dr. rer. nat. FRIEDRICH WOLF / Dr. rer. nat. WOLFGANG HEYER, Zur Sorption an Tetracalciumaluminathydroxysalzen
1980. 12 Seiten – 5 Abbildungen – 4 Tabellen – 8° – M 2,–

Band 114

Heft 1 Prof. Dr. HASSO ESSBACH, Morphologisches zur orthologischen und pathologischen Differenzierung und zum Anpassungs- und Abwehrvermögen der menschlichen Placenta
1980. 19 Seiten – 12 Abbildungen – 8° – M 4,–

Heft 2 Prof. Dr. med. WERNER RIES, Risikofaktoren des Alterns aus klinischer Sicht
1980. 19 Seiten – 9 Abbildungen, davon 1 Abbildung auf Tafel – 8° – M 4,–

Heft 3 Prof. Dr. OTT-HEINRICH KELLER, Anschaulichkeit und Eleganz beim Alexanderschen Dualitätssatz
1980. 19 Seiten – 8° – M 4,–

Heft 4 Prof. Dr. rer. nat. BENNO PARTHIER, Die cytologische Symbiose am Beispiel der Biogenese von Zellorganellen 1981. 29 Seiten – 16 Abbildungen – 2 Tabellen – 8° – M 6,–

Heft 5 Prof. Dr. F. WOLF / Dr. S. ECKERT / Dr. M. WEISE / Dr. S. LINDAU, Untersuchungen zur Synthese und Anwendung bipolarer Ionenaustauschharze 1980. 12 Seiten – 6 Tabellen – 8° – M 2,–

Heft 6 Prof. Dr. med. HERBERT JORDAN, Balneobioklimatologie – Eine Zielstellung im Mensch – Umwelt-Konzept *In Vorbereitung*

Band 115

Heft 1 Prof. Dr. rer. nat. HERMANN BERG, Wilhelm Ostwald – Erkenntnisse über die Biosphäre *In Vorbereitung*

Heft 2 Prof. Dr. sc. KLAUS DÖRTER, Aphorismen zur Qualität des Bewässerungswassers *In Vorbereitung*

Heft 3 Prof. Dr. Ing. Dr. rer. nat. h. c. PAUL GÖRLICH, Die geschichtliche Entwicklung des wissenschaftlichen Gerätebaus und seine zukünftige Bedeutung 1981. 36 Seiten – 8° – M 6,–

Heft 4 Prof. Dr. WOLFGANG BUCHHEIM, Albert Einstein als Wegbereiter nachklassischer Physik 1981. 29 Seiten – 8° – M 4,–

Heft 5 Prof. Dr.-Ing. HERBERT KRUG, Die Technologie der Brikettierung von Weichbraunkohle im Lichte der Verfahrenstechnik und der besseren Nutzung dieses Energieträgers *In Vorbereitung*

Heft 6 Prof. Dr. ERNST NEEF, Der Verlust der Anschaulichkeit in der Geographie und das Problem der Kulturlandschaft *Vorliegendes Heft*

Einzel- oder Forsetzungsbestellungen durch eine Buchhandlung erbeten

Sitzungsberichte bis Band 108
durch das Zentralantiquariat der Deutschen Demokratischen Republik, Leipzig,
ab Band 109 durch den Akademie-Verlag, Berlin, zum Teil noch lieferbar

AKADEMIE-VERLAG

DDR-1080 Berlin, Leipziger Str. 3–4

FSC
www.fsc.org
MIX
Papier | Fördert
gute Waldnutzung
FSC® C083411

Zeitfracht Medien GmbH
Ferdinand-Jühlke-Straße 7
99095 Erfurt, Deutschland
produktsicherheit@kolibri360.de